Flash CS5 中文版标准实例教程

三维书屋工作室

胡仁喜　杨雪静　等编著

机 械 工 业 出 版 社

本书是一本全面介绍使用 Flash CS5 制作 Flash 动画的教材,旨在使用户快速掌握 Flash CS5。全书共分 10 章。第 1 章是 Flash CS5 的入门基础,分别介绍了 Flash CS5 的有关概念和软件界面;第 2 章介绍绘图基础和文本的使用;第 3 章介绍元件和实例;第 4 章介绍图层和帧的相关知识;第 5 章介绍动画制作基础;第 6 章介绍交互动画;第 7 章介绍滤镜和混合模式;第 8 章介绍 Action Script 基础;第 9 章介绍组件;第 10 章通过 3 个综合实例对前面所学的理论知识进行总结和应用。

本书面向初中级用户、各类网页设计人员,也可作为大专院校相关专业学生或社会培训班的教材。

图书在版编目(CIP)数据

Flash CS5 中文版标准实例教程/胡仁喜等编著.
—北京:机械工业出版社,2010.9
ISBN 978 - 7 - 111 - 31724 - 1

Ⅰ. ①F… Ⅱ. ①胡… Ⅲ. ①动画—设计—图形软件,
Flash CS5—教材 Ⅳ. ①TP391.41

中国版本图书馆 CIP 数据核字(2010)第 171252 号

机械工业出版社(北京市百万庄大街 22 号 邮政编码 100037)
策划编辑:曲彩云 责任编辑:曲彩云
责任印制:杨 曦
北京蓝海印刷有限公司印刷
2010 年 9 月第 1 版第 1 次印刷
184mm×260mm · 15.5 印张 · 379 千字
0001— 4000 册
标准书号:ISBN 978 - 7 - 111 - 31724 - 1
        ISBN 978 - 7 - 89451 - 697 - 8(光盘)
定价:36.00 元(含 1DVD)

凡购本书,如有缺页、倒页、脱页,由本社发行部调换
电话服务 编辑热线:(010)88379782
社服务中心:(010)88361066 网络服务
销 售 一 部:(010)68326294 门户网:http://www.cmpbook.com
销 售 二 部:(010)88379649 教材网:http://www.cmpedu.com
读者服务部:(010)68993821 **封面无防伪标均为盗版**

前　言

Flash CS5 是 Adobe 公司最新推出的网页动态制作工具。由于 Flash 所创作的网页矢量动画具有图像质量好、下载速度快和兼容性好等优点，它已被业界普遍接受，其文件格式已成为网页矢量动画文件的格式标准。和过去的版本相比，Flash CS5 更加确定了 Flash 的多功能网络媒体开发工具的地位。

本书是一本全面介绍使用 Flash CS5 制作 Flash 动画的教材，旨在使用户快速掌握 Flash CS5，并尽可能多地提供一些实例，算是抛砖引玉。

全书共分 10 章。第 1 章是 Flash CS5 的入门基础，分别介绍了 Flash CS5 的有关概念和软件界面；第 2 章介绍绘图基础和文本的使用；第 3 章介绍元件和实例；第 4 章介绍图层和帧的相关知识；第 5 章介绍动画制作基础；第 6 章介绍交互动画；第 7 章介绍滤镜和混合模式；第 8 章介绍 ActionScript 基础；第 9 章介绍组件；第 10 章通过 3 个综合实例对前面所学的理论知识进行总结和应用。

本书在结构上力求内容丰富、结构清晰、实例典型、讲解详尽、富于启发性；在风格上力求文字精炼、脉络清晰。另外，在文章内容中包含了大量的"注意"与"技巧"，它们能够提醒读者可能出现的问题、容易犯下的错误以及如何避免，还提供操作上的一些捷径，使读者在学习时能够事半功倍，技高一筹。在每一章的末尾，我们还精心设计了一些思考练习题，读者可以通过这些习题练习掌握本章的操作技巧和方法。

本书面向初中级用户、各类网页设计人员，也可作为大专院校相关专业学生或社会培训班的教材。

对于初次接触 Flash 的读者，本书是一本很好的启蒙教材和实用的工具书。通过书中一个个生动的实际范例，读者可以一步一步地了解 Flash CS5 的各项功能、学会使用 Flash CS5 的各种创作工具、掌握 Flash CS5 的创作技巧。对于已经使用过 Flash MX 的网页创作高手来说，本书将为他们尽快掌握 Flash CS5 的各项新功能助一臂之力。

随书光盘包含全书实例源文件和素材文件以及实例操作过程 AVI 文件，可以帮助读者形象直观地学习本书。

本书由三维书屋工作室总策划，主要由胡仁喜、杨雪静编写，参与编写还有王佩楷、袁涛、王玉秋、李鹏、周广芬、周冰、李瑞、董伟、王艳池、路纯红、王兵学、王敏、王培合、郑长松、孟清华、李广荣等。本书的编写和出版得到了很多朋友的大力支持，值此图书出版发行之际，向他们表示衷心的感谢。同时，也深深感谢支持和关心本书出版的所有朋友。

书中主要内容来自于作者几年来使用 Flash 的经验总结，也有部分内容取自于国内外有关文献资料。虽然笔者几易其稿，但由于时间仓促加之水平有限，书中纰漏与失误在所难免，恳请广大读者登录网站 www.sjzsanweishuwu.com 联系 win760520@126.com 提出宝贵的批评意见。

作　者

目　　录

第 **1** 章

初识 Flash CS5

随着 Adobe 公司对 Flash 系列的推出，在因特网上已经有成千上万个 Flash 站点，Flash 在网络上的应用是越来越引人注目了。

Flash CS5 作为系列软件中的最新版本，比起以前的 Flash 系列，不仅是在名字上有了新的突破，而且在其功能和界面上，都有了很大进步。当然，对于不熟悉 Flash CS5 的读者，通过本书的学习，将会了解到其意义所在。

学 习 要 点

- Flash CS5 发布
- 工作界面
- 基础知识
- 新增功能和特性

1.1 Flash CS5 发布

Flash CS5 较以前的版本，无论是在功能上还是在工作效率上都有很大的提高。它不仅继承了以前版本的所有优点，而且较大程度地改进了它们的缺点，使它们的功能更加趋于完善。方便快捷的工作界面能够让用户轻松学习和使用，在闪客世界自由飞翔，随意制作出自己思维中闪现的精彩画面。

Flash 软件主要用于动画制作，使用该软件可以制作出网页互动动画，还可以将一个较大的互动动画作为一个完整的网页。只要用鼠标进行简单的点击、拖动操作就可以生成精美的互动动画。

Flash 还被广泛用于多媒体领域，如交互式软件开发、产品展示等多个方面。在 Director 及 Authorware 中，都可以导入 Flash 动画。随着 Flash 的广泛使用，出现了许多完全使用 Flash 格式制作的多媒体作品。

Flash CS5 可以同时满足网页设计师和开发人员的需要，允许他们跨越所有系统平台和设备，制作丰富的 Web 内容和应用程序。对于要使用丰富客户端技术的传统 Web 开发人员来说，该产品简化了可视化编辑的流程。

动态视频支持允许开发人员在 Flash 内容中增加电影元素，因此可以为用户提供更美妙的欣赏体验。在开发 Flash 的视频内容时，设计师可以直接预览实际效果，Flash 中的视频可以跨平台播放，内置的 Sorenson Spark 编码和解码器支持可以确保获得压缩的、流媒体格式的高品质视频。

Flash CS5 改善了编辑的工作流程，可自定义的弹性工作空间显著提高设计师和开发人员的工作效率。预定义的界面组件为用户提供了可自定义的滚动条、列表框等标准界面元素，这将加快开发速度并确保不同的应用程序具有相同的界面。

Flash CS5 还支持多种业界标准，例如 ECMAScript、HTML、MP3、Unicode 和 XML。

1.2 Flash CS5 工作界面

启动 Flash CS5 后，其操作界面便会出现在屏幕上，如图 1-1 所示。

Flash CS5 的界面采用了全新的 Adobe 风格，使得工作区域更为整洁。界面顶端加入了快速更换工作区布局功能，可以方便不同的用户人群切换使用（如开发人员、设计人员、调试人员）；时间轴窗口和动画编辑器窗口被放到了工作区下方，绘图工具箱和属性栏都放到了工作区右侧，作为浮动面板集合在一起，更能提升效率；此外，由于脚本编写方式的改进，Flash CS5 新增了一个"代码片断"面板。

📖 1.2.1 标题栏

标题栏显示的主要有 Flash 标记、工作区布局模式切换按钮、搜索栏、CS Live 服务按钮、最小化按钮、最大化和正常之间的切换按钮以及关闭按钮。

单击工作区布局模式切换按钮，在弹出的下拉列表中可以看到 Flash CS5 推出的 7 种工作区外观模式：动画，传统、调试、开发人员、设计人员、基本功能、小屏幕。不同的工作区外观模式适用于不同层次或喜好的设计者。无论是一个程序员还是一个设计师，都可以在 Flash CS5 给出的工作区外观模式中找到合适的设计模式。

菜单栏
工作区布局模式
CS 服务
工作区
舞台
浮动面板组
绘图工具箱
时间轴/图层/动画编辑器窗口

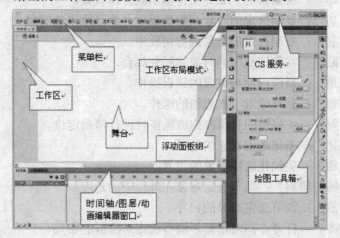

图 1-1　Flash CS5 的操作界面

单击 CS Live 按钮，可以访问 Adobe® Creative Suite® 5 在线服务。这些服务使用户能够快速增强现有工作流程。

1.2.2　菜单栏

标题栏的下面就是菜单栏，如图 1-2 所示。

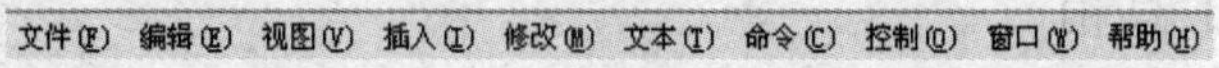

文件(F) 编辑(E) 视图(V) 插入(I) 修改(M) 文本(T) 命令(C) 控制(O) 窗口(W) 帮助(H)

图 1-2　菜单栏

1.2.3　工具栏

Flash CS5 为了方便用户的使用，将一些使用频率比较高的菜单命令以图形按钮的形式放在一起，组成了工具栏，如图 1-3 所示。用户只需单击工具栏上的按钮，就可以执行该按钮所代表的操作。

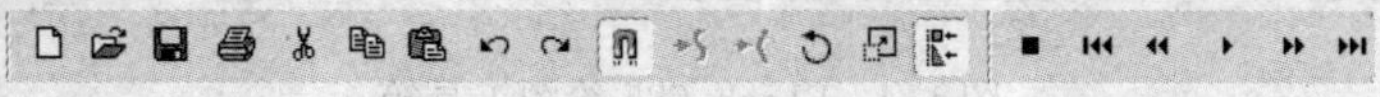

图 1-3　工具栏

如果在界面上没有看到该工具栏，可以执行“窗口”/“工具栏”/“主工具栏”命令和“窗口”/“工具栏”/“控制器”命令，打开如图所示的工具栏。

该工具栏以中间的间隔线为界分为两部分。左边是主工具箱，提供了 16 个最常用的命令，右边部分是控制工具箱，提供了 6 个按钮，用来控制动画流程。工具栏可以固定横放在菜单栏的下面，也可以垂直固定在左右边框上，也可以浮动在屏幕上。该工具栏上的各个按钮选项的意义及功能如下：

- “新建”：创建一个新的 Flash 动画。

- 📂 "打开"：打开一个已存在的 Flash 文件。
- 💾 "保存"：保存当前编辑的 Flash 文件。
- 🖨 "打印"：将编辑的 Flash 文件输出到打印设备。
- ✂ "剪切"：复制选定的对象到剪切板中并删除原来的对象。
- 📋 "复制"：复制选定的对象到剪切板中。
- 📋 "粘贴"：将剪切板中的对象粘贴到舞台。
- ↺ "撤消"：撤消以前对对象的错误操作。
- ↻ "重做"：重复最近一次撤消的操作。
- 🔒 "吸附"：使编辑的对象在拖放操作时进行精确定位。
- ⤳ "柔化"：柔化选定对象的边界。
- ⤲ "尖锐"：尖锐化选定对象的边界。
- ↻ "旋转与倾斜"：调节选定对象在舞台中的角度。
- 🔲 "缩放"：调节选定对象的尺寸。
- ▤ "对齐"：打开布局对话框，调节选定对象群的布局。
- ■ "停止"：停止动画的播放。
- ⏮ "后退第 1 帧"：使动画回退到第 1 帧。
- ⏪ "后退一帧"：使播放动画回退 1 帧。
- ▶ "播放"：开始进行播放动画。
- ⏩ "向前一帧"：使当前播放的动画前进 1 帧。
- ⏭ "转到最后一帧"：使动画跳到最后一帧。

📖 1.2.4 绘图工具箱

使用 Flash CS5 进行动画创作，必须绘制各种图形和对象，这就必须使用到各种绘图工具。在 Flash CS5 中，绘图工具箱作为浮动面板被放到了工作区右侧，单击工作区右侧的工具箱缩略图标，即可展开工具箱面板。用户也可以通过用鼠标拖动绘图工具箱，改变它在窗口中的位置。将工具箱拖动到工作区之后，通过拖曳工具箱的左右侧边或底边，可以调整工具箱的尺寸。绘图工具箱中包含了 20 多种绘图工具，可以使用这些工具对图像或选区进行操作。图 1-4 所示的就是 Flash CS5 的绘图工具箱。

图 1-4 Flash CS5 绘图工具箱

有关绘图工具箱中的工具的使用方法及属性设置将在本书下一章中进行详细介绍。

📖 1.2.5 时间轴窗口

Flash CS5 的时间轴窗口默认位于工作区下方，当然也可以使用鼠标拖动它，改变它在窗口中的位置。时间轴窗口是用来进行动画创作和编辑的主要工具。它的结构如图 1-5 所示。

时间轴窗口分为两大部分：层控制区和时间控制区。下面对这两部分进行简单的介绍。

图 1-5　Flash CS5 时间轴窗口

1. 层控制区

时间轴窗口的左边区域就是层控制区，用于进行与层有关的操作。它按顺序显示了当前正在编辑的文件的所有层的名称、类型、状态等。在层的操作层中也有一些按钮，各个工具按钮的功能如下：

- （显示/隐藏）：用来切换选定层的显示/隐藏状态。
- （锁定/解锁）：用来切换选定层的锁定/解锁状态。
- （显示/隐藏外框）：用来切换选定层的显示/隐藏外框状态。
- （增加层）：增加一个新层。
- （增加文件夹）：增加一个线的文件夹。
- （删除层）：删除选定层。

2. 时间轴控制区

时间轴的右边部分就是时间轴控制区，它是用来控制当前帧、动画播放速度、时间等等。时间轴控制区中各个工具按钮的功能如下：

- （居中帧）：改变时间轴控制区显示范围，将当前帧显示到控制区窗口的中间。
- （显示多帧）：在时间轴上选择一个连续的区域，将该区域中包含的帧全部显示在窗口中。
- （显示多帧外框）：在时间轴上选择一个连续的区域，除了当前帧外，只会在窗口中显示该区域中包含的帧的外框。
- （编辑多帧）：在时间轴上选择一个连续区域，区域内的帧可以同时显示和编辑。
- （显示多帧）：选择显示 2 帧、5 帧或全部帧。
- 状态栏：显示在时间轴窗口的底部，显示的是当前帧数以及当前动画设置的帧率。

1.2.6　工作区

Flash CS5 的工作区是进行创作的主要区域，图形的创建、编辑、动画的创作和显示都是在该区域中进行的。在工作区顶部有几个工具按钮，左边一系列按钮，可以用来选择场景等，最右边的列表框用于选择显示比例。

1.2.7　库面板

一般情况下，启动 Flash CS5 的时候，库面板不会现在工作界面上。由于库面板是使用频率比较高的一个工具，很多操作都需要它，下面就对它做一个简单的介绍。

使用"窗口"菜单中的"库"命令，就可以打开库面板，如图 1-6 所示。

库面板可以由用户控制，任意拖放到任何位置。单击面板右上角的折叠/展开按钮，可以在打开和折叠之间切换。所有制作的元件和补间都将自动存入库中，库里的内容一般可以直接点击预览；双击图标可以进入元件编辑状态；双击名称可以修改其名称；通过左下角的新建元件，新建文件夹和属性可以对库进行管理。

许多用户可能希望交换彼此的 Flash 元件来使用，尤其是共同制作同一个网站、方案的小组。利用 Flash CS5 中的公用库可以很方便地达到这个目的。它可以将影片所使用的物件单独开放为库，放到另一个 Flash 影片中使用，而且如果修改了共用元素库文件，所有使用这个库元素的影片都会自动对应改变。

图 1-6   库面板

1.3 基础知识

本节介绍一些基本概念，理解这些概念不但对熟练地掌握 Flash 的操作技巧有益，而且对于使用其他的软件也有很大的帮助。

1.3.1 位图与矢量图

计算机中表示图像主要有两种方式，即位图与矢量图。Flash 就是使用矢量图的软件。在现代的软件中，已经越来越多的提倡两者的融合，而 Flash CS5 虽然生成的是矢量图，但是已经能够处理位图。

1. 位图

位图使用一系列的彩色像素点来描述图像，它将图像中每一个像素的颜色值都保存在文件中。像素是以栅格的状态排列的。一幅位图由有限个像素点构成，所以位图具有一定的分辨率。如果将位图放大，将会导致图像失真。

2. 矢量图

矢量图形是使用数学方法来描述几何形状，包括线宽、填充颜色等。通常，矢量图形是以直线和曲线等基本元素来描述的，这些基本元素称之为矢量。每条直线和曲线都有它自己的属性，其中包括直线和曲线的位置信息、颜色信息等。在修改矢量图形的时候，实际上是修改直线和曲线的属性。矢量图形可以任意移动、缩放、变形或者改变色彩而不会影响图形的质量，而且和位图相比，矢量图形小的多，所以把矢量图形应用到网页上可以大大加快浏览的速度。

1.3.2 颜色模式和深度

颜色模式：

- RGB 模式：自然界中的所有颜色都由红、绿、蓝 3 种颜色按照不同的强度组合而成，也就是所说的三原色原理。
- Lab 模式：由 RGB 模式转换过来，该模式由一个发光率 L 和两个颜色 a、b 组成。用颜色轴构成了平面上的环形线来表示颜色的变化。
- HSB 模式：这种模式将颜色看成 3 个要素，色调 H、饱和度 S、亮度 B，它是建立与人的心理感受而形成的，所以这种模式比较符合人的主观感受。
- CMYK 模式：这种颜色模式一般在印刷中使用，它由青 C、洋红 M、黄 Y、黑 K 4 种颜色组成，它和 RGB 模式刚好相反，是通过减少光线来产生色彩。也就是通常所说的减色原理。

颜色深度：颜色深度指的是每个像素可表达的颜色数，它和数字化过程中的量化数有着密切的关系。因此颜色深度基本上用多少量化数就用多少位表示。对于不同的量化数，有伪彩色、高彩色、真彩色等几种分类。

1.3.3 Alpha 通道

Alpha 通道就是在颜色深度的基础上叠加 8 位，也就是 256 个级别的灰度数值。

1.3.4 多媒体文件常用格式

熟悉不同的文件格式，对熟练的使用 Flash，做出好的动画作品有很大的帮助。表 1-1 是部分常用音频文件和视频文件的缩写，对于每种文件的说明，这里不做过多的阐述。

表 1-1 部分常用音频文件和视频文件的缩写

音频	*.wav	*.aif	*.au	*.mp3	*.ra	*.voc	*.mid	*.cmf	*wma
图像	*.gif	*.bmp	*.tif	*.dxf	*.jpg	*.png	*.eps		
视频	*.aiv	*.mov	*.dat	*.mpg					

需要注意的是，Flash CS5 不再支持导入 FreeHand、PICT、PNTG、SGI 和 TGA 文件；不再导出 EMF 文件、WMF 文件、WFM 图像序列、BMP 序列或 TGA 序列。

1.4 Flash CS5 新特性与新功能

在 Flash CS4 的基础上，Flash CS5 在众多功能上都有了有效的改进。现在 Flash 有多个版本，Flash Professional CS5 是 Adobe 专为高级 Web 设计人员和应用程序构建人员而设计的。如果不作特殊说明，本书提到的 Flash 或 Flash CS5 均指 Flash Professional

CS5 简体中文版。本节将介绍 Flash CS5 一些较为重要的新功能与新特性。

- 代码片断面板：针对 Flash 设计人员，Flash CS5 增强了代码易用性方面的功能，新增了"代码片断"面板。通过将预建代码注入项目，可以让用户更快更高效地生成和学习 Actionscript 代码。
- 改进的 ActionScript 编辑器：Flash CS5 增强了 ActionScript 编辑器代码提示功能，增强了自定义类的导入和代码提示功能，已经完全支持自动代码补全功能，且同样支持扩展类库的代码。
- 基于 XML 的 FLA 源文件：Adobe 软件会自动生成一个 xml 文件来描述项目相关内容的组织关系。这个自动生成的 XML 文件即.xfl 文件。

XFL 格式是 XML 结构。从本质上讲，它是一个所有素材及项目文件，包括 XML 元数据信息为一体的压缩包。它也可以作为一个未压缩的目录结构单独访问其中的单个元素使用。使用 XFL 文件，开发者可以轻松地将项目添加到各种版本管理系统中，比如 SVN 及 GIT，使用源控制系统管理和修改项目，可以更轻松地实现文件协作。而图片资源在 XFL 文件中则是使用 FXG 格式来描述。

- 多平台内容发布：Flash CS5 增强了广泛的内容分发功能，可以实现跨任何尺寸屏幕的一致交付（包括 iPhone），将 Adobe Device Central 用于增强测试。
- 骨骼工具大幅改进：Flash CS5 增强了骨骼工具的功能，添加了一些物理特性在混合器中。借助为骨骼工具新增的动画属性，设计者可以为每一个关节设置弹性，从而创建出更逼真的反向运动效果。
- 增强的 Deco 喷涂工具：针对设计师，Flash CS5 为 Deco 工具新增了一整套刷子，可以为任何设计元素添加高级动画效果。
- 新的文本布局引擎（TLF）：针对设计师，Flash CS5 增加了新的 Flash 文本布局框架，提供了更丰富更精细的文本布局控制，使用户可以借助印刷质量的排版全面控制文本内容。
- 视频改进：Flash CS5 进一步增强了视频支持功能，可以直接在舞台中播放视频，且视频支持透明度。FLVPlayback 组件完美地整合了提示点编辑功能，支持通过添加采样点来剪切影片，现在不需要太多的编程即可实现高级的视频编辑应用。FLVPlayback 还添加了迷你系列的皮肤，使控件皮肤可以更少的占用屏幕空间。
- 与 Flash Builder 整合：Flash CS5 对开发人员更加友好，可以将 Flash Builder 用作 Flash 项目的 ActionScript 主编辑器，和 Flash Builder 协作来完成项目。

1.5 本章小结

本章主要介绍了 Flash 的由来，Flash 所具有的特色以及 Flash 的文件格式，最后介绍了 Flash CS5 的新增功能与新特性和 Flash CS5 的应用范围，这一章是学习 Flash 所应具备的背景知识，希望读者能够对本章有很好的了解。

1.6　思考与练习

1．计算机中的图形格式有两种形式，一种是_____图形格式，另一种是_____图形格式。

2．Flash CS5 的时间轴窗口一般位于工作区的下方，分为_____和_____两大部分。

3．什么是 Flash？它是怎么出现的？

4．Flash 软件的特色有哪些？

5．与 Flash CS4 相比，Flash CS5 增加了哪些新功能和新特点？

6．Flash 软件都用在哪些方面？

第 **2** 章

绘图基础和文本的使用

在使用 Flash CS5 创建动画之前，需要创建各种精美的图形元素或图像，再以这些图形或图像元素进行动画创作。Flash CS5 的绘图工具栏提供了用来创建、编辑矢量图的工具。

使用 Flash CS5 不但可以创建各种各样的矢量图形，还可以创建不同风格的文字对象。文字在日常生活中有着不可缺少的作用，是传递信息的重要手段，具有迅速、准确等特点。

本章主要介绍使用 Flash CS5 创建图形和文本的知识，这是动画制作中最基本的操作，也是后面动画处理的基础。

◎ 绘图工具

◎ 对象的基本操作

◎ 舞台控制

◎ 色彩编辑

◎ 文本编辑

2.1 绘图基础

📖 2.1.1 使用绘图工具

前面已对绘图工具箱进行了简单的介绍，可以使用绘图工具箱中的铅笔工具、钢笔工具、直线工具、椭圆工具、矩形工具等来创建基本的矢量图形。

1. 使用铅笔工具

利用 Flash CS5 提供的铅笔工具，可以绘制出随意、变化灵活的直线或曲线。Flash CS5 提供了 3 种铅笔模式。下面简要介绍铅笔工具的使用方法。

01 新建一个文件，单击绘图工具箱中的铅笔工具图标，激活铅笔工具。

02 在绘图工具箱底部选择铅笔模式。有"伸直"、"平滑"、"墨水" 3 种模式，如图 2-1 所示。各种模式的具体含义及功能如下：

- "伸直"：绘制出来的曲线趋向于规则的图形。选择这种模式后，使用铅笔绘制图形时，只要按事先预想的轨迹描述，Flash CS5 会自动将曲线规整。如想绘制一个椭圆，只要利用铅笔工具绘制出一个接近椭圆的曲线，松开鼠标时，该曲线会自动规整成为一个椭圆，如图 2-2 所示。

- "平滑"：使用这种模式，可以使绘制出的图形边缘的棱角尽可能地消除，使矢量线更加光滑，如图 2-3 所示。

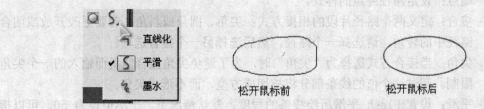

图 2-1 铅笔模式　　　　　　　　　图 2-2 使用"伸直"铅笔模式

- "墨水"：使用这种模式，可以绘制出来矢量线更加接近手工绘制的矢量线，它对于绘制出来的曲线不做任何调整。例如，选择较粗的笔画，然后在舞台上拖动鼠标，即可得到如图 2-4 所示的矢量线效果。

图 2-3 使用"平滑"铅笔模式　　　　　　　　图 2-4 使用"墨水"铅笔模式

03 选择铅笔样式。在如图 2-5 所示的属性设置面板上设置矢量线的宽度、线型、颜色。

- 笔画颜色：可以通过 ✎ ■ 按钮右侧的色块，可以选择绘制出的线条的颜色。

- 笔触：设置线条宽度。读者可以直接在文本框里输入线条的宽度值，也可以通过滑块来调节线条的宽度。

- 样式：设置线条风格设。该选项的下拉列表中包括 "极细线"、"实线"、"虚线"、"点状线"、"锯齿线"、"点刻线" 和 "斑马线" 7 种可以选择的线条风格。

- 缩放：设置在 Flash Player 中缩放笔触的方式。其中，"一般" 指始终缩放粗细，是 Flash CS5 的默认设置；"水平"：如果仅水平缩放对象，则不缩放粗细；"垂直"：如果仅垂直缩放对象，则不缩放粗细；"无"：从不缩放粗细。

图 2-5　属性设置面板

- 提示：单击选中 "提示" 复选框，可以在全像素下调整直线锚记点和曲线锚记点，防止出现模糊的垂直或水平线。

- 端点：设定路径终点的样式。

- 接合：定义两个路径片段的相接方式：尖角、圆角或斜角。若要更改开放或闭合路径中的转角，请选择一个路径，然后选择另一个接合选项。

- 尖角：当接合方式选择为 "尖角" 时，为了避免尖角接合倾斜而输入的一个尖角限制。超过这个值的线条部分将被切成方型，而不形成尖角。

- 平滑：设置 Flash 平滑所绘线条的程度，默认情况下，平滑值设为 50。可以指定介于 0～100 之间的值。平滑值越大，所得线条就越平滑。

- 单击绘图工具箱中的 "对象绘制" 图标按钮 ，可以切换到对象绘制模式。用对象绘制模型创建的形状是独立的对象，且在叠加时不会自动合并。分离或重排重叠图形时，也不会改变它们的外形。支持 "对象绘制" 模型的绘画工具有：铅笔、线条、钢笔、刷子、椭圆、矩形和多边形工具。

04 在舞台上拖动鼠标，舞台将显示鼠标的运动轨迹。

提示： 选择绘图工具栏的铅笔工具后，按住 Shift 功能键不放，可在舞台上绘制水平线、垂直线。

2. 使用直线工具

直线工具可以说是铅笔工具的特例，它专门用于绘制各种不同方向的矢量直线段。选择直线工具后，可以通过直线对应的属性设置面板，对直线的线型、颜色进行设置，具体的设置方法与铅笔工具一样，这里就不再进行介绍。

提示： 选择绘图工具栏的直线工具后，按住 Shift 功能键不放，也可在舞台上绘制水平线、垂直线以及角度为45度倍数的直线。

3．使用钢笔工具

使用钢笔工具可以绘制更加复杂、精确的曲线。钢笔的使用方法如下：

01 新建一个文件，用鼠标单击绘图工具箱中的钢笔工具按钮以选择它。

02 选择"窗口"／"属性"命令，调出属性设置面板。

03 在属性设置面板中对钢笔的线型、线宽与颜色进行设置。

04 在舞台上选择一个点，单击鼠标左键，可以看到在选择点出绘制出一个点。

05 在舞台上再选择一个点，如果在第二个点处单击鼠标左键，系统会在起点和第二个点之间绘制出一条直线，如图2-6所示的第一个图；如果在第二个点按下鼠标不放并拖动鼠标，就会出现图2-6中第二个图所示的情况，这样的方式是要在第一个点和第二个点之间绘制出一条曲线，这两个点被成为"锚点"。

06 可以看到图中有一条经过第二个锚点并沿着鼠标拖动方向的直线，这条直线并且与两个锚点之间的曲线相切。松开鼠标后，绘制出的曲线如图2-6中的第三个图所示。

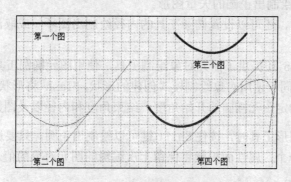

图2-6　使用钢笔工具

07 选择第三个点，重复上面的步骤，就会在第二个点和第三个点之间绘制出一段曲线，这一段曲线不但与在第三个锚点处拖动的直线相切，而且与在第二个锚点处拖动的直线相切，如图2-6中的第四个图所示。依次类推，直到曲线制作完成。

08 绘制完成，如果要结束开放的曲线，用鼠标双击最后一个锚点，或再次单击绘图工具栏上的钢笔工具。如果要结束封闭曲线，可以将鼠标放置在开始的锚点上，这时在鼠标指针上会出现一个小圆圈，单击鼠标就会形成一个封闭的曲线。

09 绘制曲线后，还可以在曲线中添加、删除以及移动某些锚点。选择钢笔工具，将鼠标在曲线上移动，当鼠标箭头会变成钢笔形状，并且在钢笔的左下角出现一个"+"号，此时，如果单击鼠标左键，就会增加一个锚点；如果将鼠标移动到一个已有的锚点上，当鼠标箭头会变成钢笔形状，并且在钢笔的左下角出现一个"-"号，此时双击鼠标，就会删除该锚点，而曲线也重新绘制。

10 利用"首选参数"对话框可以设置钢笔的一些属性，选择"编辑"／"首选参数"命令，则会出现"首选参数"对话框，单击其中的"编辑"标签。

11 设置钢笔的如下属性：

● "显示钢笔预览"：如果选择该项，可以在绘制曲线时进行预览。

- "显示实心点"：如果选择该项，可以将未选择的锚点显示为实点，将当前选择的锚点显示为空心点。
- "显示精确光标"：如果选择该项，可以将选择钢笔工具后的鼠标变成十字指针，与默认的钢笔形状相比，这样在绘制曲线时，更加容易定位。

4. 使用椭圆工具

椭圆工具绘制出来的图形不仅包括矢量线，还能够在矢量线内部填充色块，除此之外，可以根据具体的需要，取消矢量线内部的填充色块或外部的矢量线。椭圆工具的使用方法如下：

01 在绘图工具箱中选择椭圆工具。

02 在属性设置面板设置椭圆的属性。如果想绘制椭圆轮廓线，将填充色设置为无色状态，及即单击绘图工具箱内颜色栏的填充色图标，再单击 中的中间按钮，取消填充色。

03 在舞台上拖动鼠标，确定椭圆的轮廓后，释放鼠标。如果在拖动鼠标时，按住 Shift 键不放，即可绘制出正圆的矢量图形。

在 Flash CS5 中，还可以设置椭圆工具的内径绘制出圈环，或取消选择"闭合路径"选项绘制弧线。

此外，Flash CS5 还提供了图元对象绘制工具，使用图元椭圆工具或图元矩形工具创建椭圆或矩形时，不同于使用对象绘制模式创建的形状，Flash 将形状绘制为独立的对象。利用属性面板可以指定图元椭圆的开始角度、结束角度和内径以及图元矩形的圆角半径。

提示：使用椭圆形工具时，按住 Shift 键可以绘制出正圆。只要选中图元椭圆工具或图元矩形工具中的一个，属性面板就将保留上次编辑的图元对象的值。

5. 使用矩形工具

使用矩形工具不但可以绘制矩形，还可以绘制椭矩形廓线。矩形工具的使用方法与椭圆工具类似。

需要说明的是，选择矩形工具之后，在属性面板上的"矩形选项"区域，在文本框中输入数值，或拖动滑块可以调整矩形各个角的圆角半径，如图 2-7 所示。圆角半径的范围是 0～999 之间的任何数值。值越大，矩形的圆角半径就越明显。设置为 0 时，可得到标准的矩形；设置为 999 时，绘制出来的矩形就是圆形。不同圆角半径的矩形效果如图 2-8 所示。

默认情况下，调整圆角半径时，四个角的半径同步调整。如果要分别调整每一个角的半径，单击 4 个调整框下方的 图标，使其显示为断开的状态。

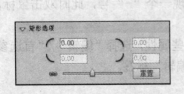

图 2-7 "矩形选项"对话框

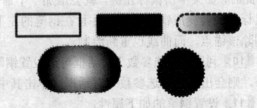

图 2-8 不同圆角半径的矩形

6. 使用刷子工具

刷子工具可以用来建立自由形态的矢量色块。使用方法如下：

01 选中绘图工具箱中的刷子工具。

02 在绘图工具箱中的底部可以设置刷子的大小、形状、模式及填充方式。

画笔模式的属性可以用来设置画笔对舞台中其他对象的影响方式，单击"刷子模式"按钮，出现如图2-9所示的菜单，其中各个选项的功能如下：

- "标准绘画"：在这种模式下，新绘制的线条覆盖同一层中原有的图形，但是不会影响文本对象和引入的对象，如图2-10所示。
- "颜料填充"：在这种模式下，只能在空白区域和已有矢量色块的填充区域内绘图，并且不会影响矢量线的颜色，如图2-11所示。
- "后面绘画"：在这种模式下，只能在空白区绘图，不会影响原有的图形，只是从原有图形的背后穿过，如图2-12所示。

图2-9　"刷子模式"按钮选项　　　　　　　　　图2-10　刷子的"标准绘画"模式

- "颜料选择"：在这种模式下，只能在选择区域内绘图。不会影响到矢量线和未填充的区域，如图2-13所示。

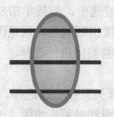

图2-11　"颜料填充"模式　　　图2-12　"后面绘画"模式　　　图2-13　"颜料选择"模式

- "内部绘画"：这种模式可分为两种情况，一种情况是当刷子起点位于图形之外的空白区域，在经过图形时，从其背后穿过；第二种情况是当刷子的起点位于图形的内部时，只能在图形的内部绘制图。如图2-14所示。

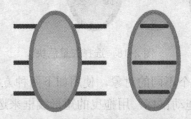

图2-14　刷子的"内部绘画"模式

"锁定填充"选项用来切换在使用渐变色进行填充时的参照点，当　弹起时，是非锁定填充模式，单击该按钮，即可进入锁定填充模式。

在非锁定填充模式下，以现有图形进行填充，即在画笔经过的涂过的地方，都包含着一个完整的渐变过程，如图 2-15 所示。

当刷子处于锁定状态时，以系统确定的参照点为准进行填充，刷子涂到什么区域，就对应出现什么样的渐变色，如图 2-16 所示。

图 2-15 刷子不锁定状态的效果   图 2-16 刷子锁定状态的效果

2.1.2 选择对象

在对对象进行编辑修改之前，必须先选择对象。在 Flash CS5 中提供了多种选择对象的工具，最常用的就是选择工具和套索工具。下面就对它们分别进行说明。

1. 使用选择工具

绘图工具箱内的 图标按钮就是选择工具按钮。下面以一个简单实例演示选择对象的方法。具体步骤如下：

01 在一个新建立的 Flash 文件中使用椭圆工具绘制两个圆，再利用矩形工具在一个椭圆上绘制一个矩形，如图 2-17 所示。

02 单击右边的椭圆的矢量线外框，整条矢量线将一起被选中，如果单击左边椭圆的矢量线外框，只能够选择一部分矢量线，从椭圆和矩形的交接出断列开。这是因为在选择矢量线时，选择工具会将两个角之间的矢量线作为一个独立的整体进行选择。

03 如果单击矩形的矢量线，只能选择一条边线。

04 双击矢量线，会同时将与这条矢量线相连的所有外框矢量线一起选择。

05 在矢量色块上单击，选这部分矢量色块，不会选择矢量线外框，如图 2-18 所示。

06 双击矢量色块，连同这部分色块的矢量线外框同时被选中，如图 2-19 所示。

图 2-17 绘制矢量图   图 2-18 选择矢量色块   图 2-19 同时选择色块和矢量线

07 如果想同时选择多个不同的对象，使用如下两种方法之一：

● 按下鼠标左键不放拖动鼠标，用拖曳的矩形线框来选择多个对象。

● 按住 Shift 键，单击需要增加的对象。

08 如果只选择矢量图形的一部分，可以通过选择工具来选择所需要选择的部分。但是这样只能选择规则的矩形区域。如果需要选择不规则的区域，就要用到下面即将介绍的套索工具。

2．使用套索工具选择对象

绘图工具箱内的 🔗 图标按钮就是套索工具按钮。使用套索工具可以选择对象的一部分，与选择工具相比，套索工具的选择区域可以是不规则的，因而显得更加灵活。

单击工具箱内的 🔗 图标按钮，在绘图工具箱底部选择一种套索模式后，即可拖动鼠标进行区域选择。

- 自由选取模式：这是系统默认的模式，比较随意。只要在工作区内拖动鼠标，会沿鼠标运动轨迹产生一个不规则的黑线，如图 2-20 所示。拖动的轨迹既可以是封闭区域，也可以是不封闭的区域，套索工具都可以建立一个完整的选择区域。如图 2-21 所示就是利用套索工具选择对象的一部分。

图 2-20　使用套索工具选取的黑线　　　　　　图 2-21　选取后的图形

注意：在自由模式下，如果按住 Alt 键，可以选择直线区域。如果在选择了区域后要增加选择区域，按住 Shift 键进行选择。否则，选择的只是后来拖动鼠标所选择的区域。

- 单击 🔗 按钮，进入多边形模式。将鼠标移动到舞台中，单击鼠标，再将鼠标移动到下一个点，单击鼠标，重复上述步骤，就可以选择一个多边形区域。选择结束后，双击鼠标即可。
- 单击 🔗 按钮，进入魔术棒模式。将鼠标指针移动到某种颜色处，当鼠标变成 🔗 时，单击鼠标左键，即可将该颜色以及和该颜色相近的颜色图形块都选中。这种模式主要用于编辑色彩变化细节比较丰富的对象。

在使用魔术棒选取模式的时候，需要对魔术棒的属性进行设置。单击 🔗 按钮，就会打开"魔术棒设置"对话框。该对话框各个选项的作用如下：

- ➤ "阈值"：在该文本框中输入阈值，该值越大，魔术棒选取对象时的容差范围就越大，该选项的范围在 0～200 之间。
- ➤ "平滑"：有 4 个选项，分别是"像素"、"粗糙"、"一般"和"平滑"。这四个选项是对阈值的近一步补充。

📖 2.1.3　变形工具

在 Flash CS5 中可以通过多种方法改变对象的大小与形状，如使用选择工具可以任意改变对象的大小或进行缩放、使用菜单命令可以精确调整对象等。

1．使用选择工具改变对象的大小与形状

使用选择工具，可以对矢量图形进行某些编辑功能，主要用于修改矢量线的弧度和矢量色块的外形。具体步骤如下：

01 选中选择工具，将鼠标指针移动到矢量线上，当选择工具出现弧形符号时，单

击鼠标，并拖动矢量线到合适的弧度，然后松开鼠标即可，效果如图 2-22 所示。

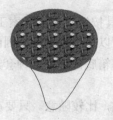

图 2-22　调整矢量线弧度

02 将鼠标指针移动到矢量线的连接点，则会出现方形符号，此时，可以对矢量线连接点位置进行修改，效果如图 2-23 所示。

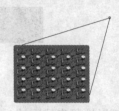

图 2-23　调整连接点位置

03 通过设置选择工具的"平滑"属性，可以使矢量线和矢量色块的边缘变得更加平滑。例如，选中如图 2-24 所示的不规则矢量图形后，多次单击 按钮，矢量图形外部边缘会逐渐变得平滑，效果如图 2-25 所示。

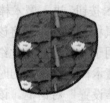

图 2-24　不规则图形　　　　　　　　图 2-25　平滑后效果

04 如果需要使矢量线的棱角变得分明，则可以使用选择工具中的"伸直"选项，效果如图 2-26 所示。

图 2-26　平直前后的效果

2．使用自由变形工具改变对象的形状

使用自由变形工具，可以以舞台中的对象某一点为圆心，做任意角度的旋转、倾斜和变形。下面通过一个实例进行说明，其具体的操作步骤如下：

01 新建一个 Flash 文档。使用矩形工具在舞台中绘制一个矩形，并选择该对象。

02 用鼠标单击绘图工具箱中的 ▦ 按钮，在绘图工具箱底部单击"旋转与倾斜"按钮 ↻，或选择"修改"/"变形"/"旋转与倾斜"命令。此时可以看到 8 个正方形小黑块调节手柄包围着所选择的矩形，如图 2-27 所示。

03 将鼠标指针移动到 4 个角的调节手柄的任意一个之上，鼠标指针将变成旋转符号。此时可按下鼠标左键不放，就可以拖动鼠标旋转矩形到目标位置，如图 2-28 所示。

04 在旋转过程中，旋转的圆心默认为对象的中心位置，可以根据需要改变旋转的圆心。将鼠标指针移动到中心点，当鼠标的右下角出现一个小圆圈时，按下鼠标左键，拖拉鼠标到目标位置即可。

图 2-27 使用了旋转与倾斜命令

图 2-28 旋转矩形

提示：在旋转时按住 Shift 键，可以使对象以 45° 为单位进行旋转。

05 将鼠标指针移动到矩形外框 4 条边中间的调节手柄上，鼠标指针会变成双向箭头，此时按住鼠标左键不放，沿箭头方向拖动鼠标，可以倾斜矩形，如图 2-29 所示。

06 在绘图工具箱底部单击"缩放"按钮 ▦，或选择"修改"/"变形"/"缩放"命令。将鼠标指针移动到变形框角上任意一个手柄，鼠标的指针会变成双向箭头，此时按住鼠标左键不放，沿箭头方向拖动鼠标，可以对矩形进行等比例缩放。

07 如果拖动变形框 4 条边中间的调节手柄，可以在水平方向或垂直方向对矩形进行不等比例缩放。

08 在绘图工具箱底部单击"扭曲" ▱ 按钮，或选择"修改"/"变形"/"扭曲"命令。拖动变形框的任意一个手柄，鼠标的指针会变成一个三角形，此时按住鼠标左键不放，沿箭头方向拖动鼠标，就可以对矩形进行扭曲，如图 2-30 所示。

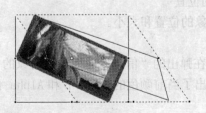

图 2-29 使矩形倾斜

图 2-30 扭曲矩形

09 在绘图工具箱底部单击"封套"按钮 ▨，或选择"修改"/"变形"/"封套"命令。此时可以看到许多个正方形小黑块调节手柄包围着所选择的矩形，如图 2-31 所示。将鼠标指针移动到矩形外框任意一个手柄，鼠标的指针会变成三角箭头，此时按住鼠标左键不放，沿箭头方向拖动鼠标，就可以对矩形进行扭曲变形。扭曲后效果如图 2-32 所示。

3. 使用命令菜单精确调整对象

如果想对对象进行精确地调整，可以使用菜单命令来实现。具体步骤如下：

01 使用绘图工具箱中的选择工具在舞台中选择需要精确调整的对象。

02 选择"修改"/"变形"命令，在弹出的子菜单中选择需要的变形命令。

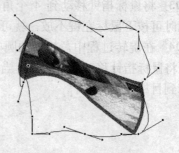

图 2-31　使用"封套"命令后　　　　　　图 2-32　最终显示效果

4. 使用"变形"面板精确调整对象

使用"变形"面板可以精确地对对象进行等比例缩放、旋转，还可以精确地控制对象的倾斜度。使用步骤如下：

01 使用绘图工具箱中的选择工具在舞台中选择需要精确调整的对象。

02 选择"窗口"/"变形"命令，弹出"变形"面板。可在该面板中进行如下设置：

- 在 ↔ 后面的对话框中输入水平方向的伸缩比例。
- 在 ↕ 后面的对话框中输入垂直方向的伸缩比例。
- 如果选择"约束"复选框，表示对对象进行等比例缩放。
- 如果选择了"旋转"单选按钮，则可以在后面的文本框中输入需要旋转的角度。
- 如果选择了"倾斜"单选按钮，则可以在后面的文本框中输入水平方向与垂直方向需要倾斜的角度。
- 如果单击 ⊡ "复制并应用"按钮，则原来的对象保持不变，将变形后的对象效果制作一个副本放置在舞台中。
- 如果单击 ⊡ "重置"按钮，可以使选中的对象恢复到变形前的状态。

5. 使用"信息"面板精确调整对象的位置

使用"信息"面板可以精确地调整对象的位置和大小。

01 选择需要精确调整的对象。

02 选择"窗口"/"信息"命令，在弹出的"信息"面板设置对象的位置和大小。

读者还可以看到在该面板的左下角给出了当前颜色的 R、G、B 和 Alpha 值。右下角给出了当前鼠标的坐标值。

6. 使用部分选取工具改变图形的形状

使用铅笔工具、直线工具、矩形工具、椭圆工具以及钢笔工具绘制的矢量图形，都可以用部分选取工具对它们进行各种调整。既可以调整直线线段，也可以调整曲线线段，还可以通过调整锚点的位置和切线来调整曲线线段的形状。下面通过一个实例进行说明。其具体的操作步骤如下：

01 新建一个 Flash 文档，利用矩形绘图工具，绘制一个矩形矢量图形。

02 选择部分选取工具，用鼠标拖出一个矩形，将绘制的矢量矩形全部包围起来，松开鼠标，会显示出曲线的锚点和切线的端点。如图 2-33 所示。

03 矢量线上的各个点相当于用钢笔绘制曲线时加入的锚点。将鼠标指针移动到某个锚点上，会出现一个空心圆点，按下鼠标，再拖动鼠标，就可以调整某段曲线的形状，如图 2-34 所示。

图 2-33　矢量图形选择前后的效果图

图 2-34　调整曲线

📖 2.1.4　橡皮擦工具

橡皮擦工具主要用来擦除舞台上的对象，选择绘图工具箱中的橡皮擦工具后，会在绘图工具箱底部出现 3 个选项。它们分别是橡皮擦模式、水龙头、橡皮擦形状。下面分别对这 3 个选项进行介绍。

1. 橡皮擦模式

在绘图工具箱底部单击"橡皮擦模式"按钮，则会打开擦除模式选项。可以看到 5 种不同的擦除模式，下面对这 5 中擦除模式进行简单的介绍。

- "标准擦除"：系统默认的擦除模式。选择该模式后鼠标变成橡皮状，它可以擦除矢量图形、线条、打散的位图和文字。
- "擦除填色"：在这种模式下，用鼠标拖曳擦除图形时，只可以擦除填充色块和打散的文字，但不会擦除矢量线。
- "擦除线条"：在这种模式下，用鼠标拖曳擦除图形时，只可以擦除矢量线和打散的文字，但不会擦除矢量色块。
- "擦除所选填充"：在这种模式下，用鼠标拖曳擦除图形时，只可以擦除已被选择的填充色块和打散的文字，但不会擦除矢量线。使用这种模式之前，必须先用箭头工具或套索工具等选择一块区域。
- "内部擦除"：在这种模式下，用鼠标拖曳擦除图形时，只可以擦除连续的、不能分割的填充色块。在擦除时，矢量色块被分为两部分，而每次只能擦除一个部分的矢量色块。

提示： 选择绘图工具箱中的橡皮工具后，按住 Shift 键不放，在舞台上单击并沿水平方向拖动鼠标时，会进行水平地擦除。在舞台上单击并沿垂直方向拖动鼠标时，会进行垂直地擦除。如果需要擦除舞台上所有的对象，用鼠标双击绘图工具箱中的橡皮工具即可。

2．水龙头

选择了水龙头工具之后，鼠标指针会变成水龙头工具形状。它与橡皮擦除的区别在于，橡皮只能够进行局部擦除，而水龙头工具可以一次性擦除。

3．橡皮擦形状

Flash CS5 提供了 10 种大小不同的形状选项，其中圆形和矩形的橡皮各 5 种，用鼠标单击即可选择橡皮形状。

4．擦除文字与位图

在舞台上创建的矢量文字，或者导入的位图图形，都不可以直接使用橡皮工具擦除。必须先使用"修改"菜单中的"分离"命令将文字和位图打散成矢量图形后才能够擦除。

📖2.1.5 填充效果

除可以使用属性设置面板修改对象的填充属性外，还可以用颜料桶工具和填充变形工具修改填充色块的属性。下面就分别对它们进行介绍。

1．使用颜料桶工具

在绘图工具箱中选择颜料桶工具后，绘图工具箱的"选项"栏中底部会出现两个属性设置，即"空隙大小"和"锁定填充"，其功能简要介绍如下：

● "不封闭空隙"：只有填充区域完全封闭时才能填充。

● "封闭小空隙"：当填充区域存在小缺口时可以填充。

● "封闭中等空隙"：当填充区域存在中等缺口时可以填充。

● "封闭大空隙"：当填充区域存在大缺口时可以填充。

● "锁定填充"：它的填充效果与本章第 2.1.1 节中刷子的锁定填充效果相同。

2．使用填充变换工具

使用变换填充工具可以调整线性渐变填充样式，也可以调整辐射渐变填充样式，还可以调整位图图填充样式。

调整线性渐变填充样式的方法如下：

01 选中一个线性渐变填充的图形。

02 单击绘图工具箱中的渐变变形工具 🔲图标按钮，可以看到两个圆形手柄和一个方形手柄，如图 2-35 左边第一个图所示。两条平行线叫做渐变线，它反映了线性渐变的渐变方向与渐变量。

03 使用鼠标拖曳位于渐变线中间的圆形手柄，可以移动渐变中心位置，以改变水平渐变情况，如图 2-35 左边第二个图所示。

04 使用鼠标拖曳方形手柄，可以改变水平渐变范围，如图 2-35 左边第三个图所示。

05 使用鼠标拖曳渐变线上的圆形手柄，可以旋转渐变填充，如图 2-35 右边第一个图所示。

调整辐射渐变填充样式的方法如下：

01 选中一个辐射渐变填充的图形。

图 2-35　调整线型渐变填充样式

02 单击绘图工具箱中的渐变变形工具 图标按钮，可以看到三个圆形手柄和一个方形手柄，如图 2-36 左边第一个图所示。

03 使用鼠标拖曳位于圆心中点的小圆形手柄，可以移动填充色块中心亮点的位置，如图 2-36 左边第二个图所示。

04 如果使用鼠标拖曳位于圆周上的小方形手柄，可以调整填充色块的渐变圆的长宽比例，如图 2-36 中间的图所示。

05 如果使用鼠标拖曳位于圆周上紧挨着小方形手柄的小圆形手柄，可以调整填充色块渐变圆的大小，如图 2-36 左边第四个图所示。

06 如果使用鼠标拖曳位于圆周上的另一个小圆形手柄，可以调整填充色块渐变圆的倾斜方向，也可以调整填充色块渐变圆的大小，如图 2-36 右边的图所示。

图 2-36　调整填充色块渐变圆的参数

3．调整填充的位图

Flash CS5 除了可以进行渐变填充之外，还可以使用位图来填充封闭区域。下面通过一个实例来说明如何调整填充的位图。

01 新建一个 Flash 文档。

02 选择"文件"/"导入"命令，在弹出的"导入"对话框中选择一个位图图像文件，导入的位图如图 2-37 左图所示。

图 2-37　导入和填充位图

03 使用椭圆工具在舞台中绘制一个椭圆，然后选择"窗口"/"混色器"命令，调出"混色器"面板。

04 在"混色器"面板中可以看到导入的缩小图像。单击该图像，然后在绘图工具箱中选择颜料桶工具，再单击要填充的椭圆的内部，即可看到椭圆的填充色块变成了位图图像，如图 2-37 右图所示。

05 选择绘图工具箱中的变换填充工具，用鼠标单击填充了位图的椭圆，效果如图 2-38 上排左边第一个图所示。可看到椭圆周围出现 4 个小圆形手柄和 3 个小方形手柄。

06 如果需要调整位图的位置，可以用鼠标拖曳中心的小圆形手柄即可。效果如图 2-37 上排左边第二个图所示。

07 用鼠标拖动矩形框角上的小方形手柄，可以改变图像的大小，而且不会影响图像的纵横比例。如果填充的位图缩小到比绘制的椭圆小，则会使用同一幅位图多次填充该椭圆，效果如图 2-38 上排左边第三个图所示。

图 2-38   调整填充的位图

08 用鼠标拖动矩形框角边线上的小方形手柄，可以沿一个方向改变图像的大小。效果如图 2-38 下排左边第一个图所示。

09 用鼠标拖动矩形框角上的小圆形手柄，可以改变图像的倾斜度，而且不会影响图像的大小。效果如图 2-38 下排左边第二个图所示。

10 用鼠标拖曳矩形边框中的小圆形手柄可以沿一个方向旋转，效果如图 2-38 下排左边第三个图所示。

2.1.6 色彩编辑

合理地搭配和应用各种色彩是创作出成功作品的必要技巧，这就要求用户除了具有一定的色彩鉴赏能力外，还得有丰富的色彩编辑经验和技巧。Flash CS5 为用户发挥色彩的创造力提供了强有力的支持。这一节中就介绍 Flash CS5 中提供的色彩编辑工具。

1. 颜色选择器的类型

Flash CS5 的颜色选择器分为两种类型，一种是进行单色选择的颜色选择器，如图 2-39 所示，它提供了 252 种颜色供用户选择。另一种是包含单色和渐变色的颜色选择器，如图 2-40 所示，它除了提供 252 种单色之外，还提供了 7 种渐变颜色。

出现了这两个窗口之一后，鼠标指针就会变成吸管的符号，此时可以在颜色面板窗口中选择颜色，选取的结果会出现在颜色框内，并且与之对应的 16 进制数值将会显示在"颜色值"的文本框里。如果选择了绘制矩形或是椭圆这类的填充图形后，在颜色面板的右上

方会出现一个 ☑ 按钮，单击这个按钮将绘制出无填充颜色的图形。

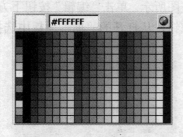

图 2-39　单色颜色选择器

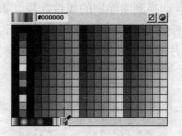

图 2-40　复合颜色选择器

在 Flash CS5 中，除利用颜色选择器为对象选择填充颜色外，还可以使用绘图工具箱中的吸管工具吸取选定对象的某些属性，再将这些属性赋给其他目标图形。吸管工具可以吸取矢量线、矢量色块的属性，还可以吸取导入的位图和文字的属性。使用吸管的优点就是可以不必重复设置各种属性，只要从已有的各种矢量对象中吸取就可以了。

2．自定义颜色

单击颜色选择器内右边的色盘 ◉ 图标按钮，会打开如图 2-41 所示的"颜色"对话框。可以根据需要定制自己喜爱的颜色。定制颜色有如下 3 种方法：

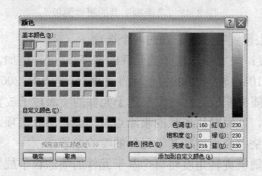

图 2-41　"颜色"对话框

- 在"色调"、"饱和度"、"亮度"的文本框中输入数值。
- 在"红"、"绿"、"蓝"文本框中输入数值。
- 在右边的色彩选择区域内选一种颜色，然后通过拖动旁边的滑块调整色彩的亮度。

单击"添加到自定义颜色"图标按钮后，所设置的颜色将出现在"自定义颜色"栏的颜色框内。

2.1.7　喷涂刷工具

喷涂刷工具是自 Flash CS4 引入的。其作用类似于粒子喷射器，使用它可以一次将形状图案"刷"到舞台上。默认情况下，喷涂刷使用当前选定的填充颜色喷射粒子点。读者也可以使用喷涂刷工具将影片剪辑或图形元件作为图案应用。

喷涂刷工具的使用方法如下：

01 新建一个文档，单击选中绘图工具箱中的喷涂刷工具 ，此时鼠标指针变成 。

02 切换到喷涂刷的属性面板，如图 2-42 左图所示。单击"编辑"按钮下方的色块，选择默认喷涂点的填充颜色。或者单击"编辑"按钮，从打开的"库"面板中选择一个自定义的影片剪辑或图形元件作为喷涂刷"粒子"。

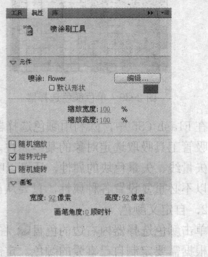

图 2-42　喷涂刷工具的属性面板

03 在属性面板上设置喷涂刷工具的各个选项。

- 缩放宽度/高度：设置喷涂粒子的元件的宽度/高度。例如，输入 10 将使元件宽度/高度缩小 10%；输入 200 将使元件宽度/高度增大 200%。
- 随机缩放：按随机缩放比例将每个基于元件的喷涂粒子放置在舞台上，并改变每个粒子的大小。使用默认形状的喷涂点时，会禁用此选项。
- 旋转元件：围绕中心点旋转基于元件的喷涂粒子。
- 随机旋转：按随机旋转角度将每个基于元件的喷涂粒子放置在舞台上。

04 设置好以上选项之后，在舞台上要显示图案的位置单击或拖动，即可使用默认形状的粒子或基于元件的粒子进行喷涂，效果如图 2-43 所示。

图 2-43　使用基于元件的粒子喷涂前后的效果

📖 2.1.8　Deco 工具

使用 Deco 绘画工具，可以对舞台上的选定对象应用效果。将一个或多个元件与 Deco 工具一起使用，可以创建万花筒效果，极大地丰富了 Flash 的绘画表现力。在 Flash CS4

的基础上，Flash CS5 为 Deco 工具新增了一整套刷子，使用户可以便捷地为任何设计元素添加高级动画效果。

Deco 工具的使用方法如下：

01 新建一个文档，单击选中绘图工具箱中的 Deco 工具 ，此时鼠标指针变成 。

02 切换到 Deco 工具的属性面板，如图 2-44 所示。在"绘制效果"下方的下拉表中选择 Deco 工具的绘制效果。不同的绘制效果有不同的填充选项。

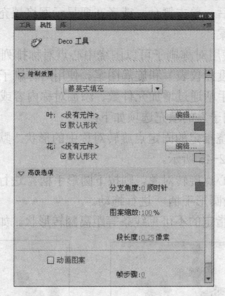

图 2-44 Deco 工具的属性面板和绘制效果

（1）藤蔓式填充。利用藤蔓式填充效果，可以用藤蔓式图案填充舞台、元件或封闭区域。还可以用"库"面板中的元件替换默认的叶子和花朵的图案。生成的图案将包含在影片剪辑中，而影片剪辑本身包含组成图案的元件。

单击"编辑"按钮下方的色块，可以选择默认装饰图案的填充颜色。或者单击"编辑"按钮，从"库"面板中选择一个自定义的影片剪辑或图形元件作为装饰图案。"藤蔓式填充"效果的其他填充选项如下：

- 分支角度：指定分支图案的角度。
- 分支颜色：单击"分支角度"右侧的色块，可以在弹出的颜色板中指定用于分支的颜色。
- 图案缩放：缩放操作会使对象同时沿水平方向（沿 x 轴）和垂直方向（沿 y 轴）放大或缩小。
- 段长度：指定叶子节点和花朵节点之间的段的长度。
- 动画图案：指定效果的每次迭代都绘制到时间轴中的新帧。在绘制花朵图案时，此选项将创建花朵图案的逐帧动画序列。
- 帧步骤：指定绘制效果时每秒要横跨的帧数。

设置好以上选项之后，单击舞台，或者在要显示填充图案的形状或元件内单击，即可应用设置的填充图案。

读者需要注意的是，应用藤蔓式填充效果后，将无法更改属性检查器中的高级选项以改变填充图案。

（2）网格填充。使用网格填充效果可创建棋盘图案、平铺背景或用自定义图案填充的区域或形状。将网格填充绘制到舞台后，如果移动填充元件或调整其大小，则网格填充将随之移动或调整大小。"网格填充"效果的填充选项如下：

● 水平间距：指定网格填充中所用形状之间的水平距离（以像素为单位）。
● 垂直间距：指定网格填充中所用形状之间的垂直距离（以像素为单位）。

设置好以上选项之后，单击舞台，或者在要显示网格填充图案的形状或元件内单击，即可应用设置的填充图案。

（3）对称刷子。使用对称刷子可以围绕中心点对称排列元件，可创建圆形用户界面元素（如模拟钟面或刻度盘仪表）和旋涡图案。使用对称刷子在舞台上绘制元件时，将显示一组手柄。可以使用手柄通过增加元件数、添加对称内容或者编辑和修改效果的方式来控制对称效果。"对称刷子"的填充选项如下：

● 绕点旋转：围绕指定的固定点旋转对称中的形状。默认参考点是对称的中心点。填充效果如图 2-45 所示。

若要围绕对象的中心点旋转对象，则按下圆形手柄 进行拖动。若要修改元件数，可以按下带有加号（+）的圆形手柄 进行拖动。

● 跨线反射：跨指定的不可见线条等距离翻转形状。如图 2-46 所示。

图 2-45　绕点旋转的对称填充效果　　　图 2-46　跨线反射的对称填充效果

在图 2-46 中左右移动鼠标，可以调整对称图形之间的距离。按下圆形手柄 进行拖动，填充的形状将随之进行相应的旋转。

● 跨点反射：围绕指定的固定点等距离放置两个形状，效果如图 2-47 所示。
按下绿色的圆形手柄拖动，可以调整对称元件的位置。

● 网格平移：使用按对称效果绘制的形状创建网格。每次在舞台上单击 Deco 绘画工具都会创建形状网格。使用由对称刷子手柄定义的 x 和 y 坐标调整这些形状的高度和宽度，效果如图 2-48 所示。

● 测试冲突：不管如何增加对称效果内的实例数，绘制的对称效果中的形状都不会相互冲突。取消选择此选项后，会将对称效果中的形状重叠。

设置好以上选项之后，单击舞台上要显示对称刷子插图的位置，然后使用对称刷子手柄调整对称的大小和元件实例的数量，即可应用设置的填充图案。

图 2-47　跨点反射的对称填充效果

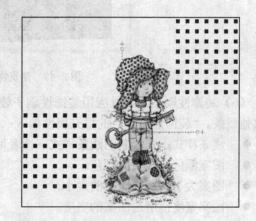

图 2-48　网格平移的对称填充效果

（4）3D 刷子。利用 3D 刷子效果，可以直接在舞台上，或者对舞台上的某个元件的多个实例进行涂色，使其具有 3D 透视效果。Flash 通过在舞台顶部附近缩小元件，并在舞台底部附近放大元件来创建 3D 透视。"3D 刷子"效果的填充属性如下：

- 最大对象数：要涂色的对象的最大数目。
- 喷涂区域：与对实例涂色的光标的最大距离。
- 透视：切换 3D 效果。若要为大小一致的实例涂色，则取消选中此选项。
- 距离缩放：此属性确定 3D 透视效果的量。增加此值会增加由向上或向下移动光标而引起的缩放。
- 随机缩放范围：此属性允许随机确定每个实例的缩放。增加此值会增加可应用于每个实例的缩放值的范围。
- 随机旋转范围：此属性允许随机确定每个实例的旋转。增加此值会增加每个实例可能的最大旋转角度。

设置好以上选项之后，在舞台上拖动以开始涂色。将光标向舞台顶部移动为较小的实例涂色。将光标向舞台底部移动为较大的实例涂色。

（5）建筑物刷子。借助建筑物刷子效果，可以在舞台上绘制建筑物。建筑物的外观取决于为建筑物属性选择的值。"建筑物刷子"的填充属性如下：

- 建筑物类型：要创建的建筑样式。

● 建筑物大小：建筑物的宽度。值越大，创建的建筑物越宽。

设置好以上选项之后，在舞台上从希望作为建筑物底部的位置开始，垂直向上拖动光标，直到希望完成的建筑物所具有的高度，效果如图 2-49 所示。

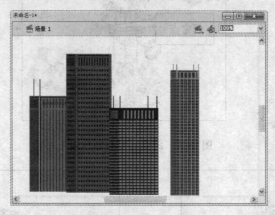

图 2-49　建筑物刷子效果

（6）装饰性刷子。通过应用装饰性刷子效果，可以绘制装饰线，例如点线、波浪线及其他线条。"装饰性刷子"的填充属性如下：

● 线条样式：要绘制的线条样式。读者可以试验所有 20 个选项查看装饰效果。

● 图案颜色：线条的颜色。

● 图案大小：所选图案的大小。

● 图案宽度：所选图案的宽度。

设置好以上选项之后，在舞台上拖动光标。装饰性刷子效果将沿光标的路径创建一条样式线条。

（7）火焰动画。火焰动画效果可以创建程式化的逐帧火焰动画。"火焰动画"的填充属性如下：

● 火大小：火焰的宽度和高度。值越高，创建的火焰越大。

● 火速：动画的速度。值越大，创建的火焰越快。

● 火持续时间：动画过程中在时间轴中创建的帧数。

● 结束动画：选择此选项可创建火焰燃尽而不是持续燃烧的动画。Flash 会在指定的火焰持续时间后添加其他帧以造成烧尽效果。如果要循环播放完成的动画以创建持续燃烧的效果，则不要选择此选项。

● 火焰颜色：火苗的颜色。

● 火焰心颜色：火焰底部的颜色。

● 火花：火源底部各个火焰的数量。

设置好以上选项之后，在舞台上拖动鼠标以创建动画。当按住鼠标左键时，Flash 会将帧自动添加到时间轴。

（8）火焰刷子。借助火焰刷子效果，可以在时间轴的当前帧中的舞台上绘制火焰。"火焰刷子"的填充属性如下：

● 火焰大小：火焰的宽度和高度。值越高，创建的火焰越大。

● 火焰颜色：火焰中心的颜色。在绘制时，火焰从选定颜色变为黑色。

设置好以上选项之后，按下鼠标左键，在舞台上拖动鼠标光标，即可以绘制火焰。

（9）花刷子。借助花刷子效果，可以在时间轴的当前帧中绘制程式化的花。若要使用花刷子效果，请执行下列操作："花刷子"的填充属性如下：

- 花类型：从 Flash CS5 内置的程式化的花种类中选择一种花。
- 花色：花的颜色。
- 花大小：花的宽度和高度。值越高，创建的花越大。
- 树叶颜色：叶子的颜色。
- 树叶大小：叶子的宽度和高度。值越高，创建的叶子越大。
- 果实颜色：果实的颜色。
- 分支：选择此选项可绘制花和叶子之外的分支。
- 分支颜色：分支的颜色。

设置好以上选项之后，按下鼠标左键，在舞台上拖动，即可绘制相应的花。

（10）闪电刷子。通过闪电刷效果，可以创建闪电，以及创建具有动画效果的闪电。"闪电刷子"的填充属性如下：

- 闪电颜色：闪电的颜色。
- 闪电大小：闪电的长度。
- 动画：借助此选项，可以创建闪电的逐帧动画。在绘制闪电时，Flash 将帧添加到时间轴中的当前图层。
- 光束宽度：闪电根部的粗细。
- 复杂性：每支闪电的分支数。值越高，创建的闪电越长，分支越多。

在属性检查器中设置闪电刷子效果的属性之后，在舞台上拖动。Flash 将沿着移动鼠标的方向绘制闪电。

（11）粒子系统。使用粒子系统效果，可以创建火、烟、水、气泡及其他效果的粒子动画。"粒子系统"的填充属性如下：

- 粒子 1：可以分配两个元件用作粒子，这是其中的第一个。如果未指定元件，将使用一个黑色的小正方形。通过正确地选择图形，可以生成非常有趣且逼真的效果。
- 粒子 2：指定第二个可以分配用作粒子的元件。
- 总长度：从当前帧开始，动画的持续时间（以帧为单位）。
- 粒子生成：在其中生成粒子的帧的数目。如果帧数小于"总长度"属性，则该工具会在剩余帧中停止生成新粒子，但是已生成的粒子将继续添加动画效果。
- 每帧的速率：每个帧生成的粒子数。
- 寿命：单个粒子在舞台上可见的帧数。
- 初始速度：每个粒子在其寿命开始时移动的速度。速度单位是像素/帧。
- 初始大小：每个粒子在其寿命开始时的缩放。
- 最小初始方向：每个粒子在其寿命开始时可能移动方向的最小范围。测量单位是度。零表示向上；90 表示向右；180 表示向下，270 表示向左，而 360 还表示向上。允许使用负数。
- 最大初始方向：每个粒子在其寿命开始时可能移动方向的最大范围。测量单位是度。零表示向上；90 表示向右；180 表示向下，270 表示向左，而 360 还表示向上。允许使用负数。

● 重力效果：当此数字为正数时，粒子方向更改为向下并且其速度会增加（就像正在下落一样）。如果重力是负数，则粒子方向更改为向上。

● 旋转速率：应用到每个粒子的每帧旋转角度。

设置好以上选项之后，在舞台上要显示效果的位置单击鼠标。Flash 将根据设置的属性创建逐帧动画的粒子效果。

（12）烟动画。烟动画效果可以创建程式化的逐帧烟动画。"烟动画"的填充属性如下：

● 烟大小：烟的宽度和高度。值越高，创建的火焰越大。

● 烟速：动画的速度。值越大，创建的烟越快。

● 烟持续时间：动画过程中在时间轴中创建的帧数。

● 结束动画：选择此选项可创建烟消散而不是持续冒烟的动画。Flash 会在指定的烟持续时间后添加其他帧以造成消散效果。如果要循环播放完成的动画以创建持续冒烟的效果，则不要选择此选项。

● 烟色：烟的颜色。

● 背景色：烟的背景色。烟在消散后更改为此颜色。

设置好以上选项之后，按下鼠标左键，并在舞台上拖动，即可创建烟动画。当按住鼠标左键时，Flash 会将帧自动添加到时间轴。

（13）树刷子。通过树刷子效果，可以快速创建树状插图。"树刷子"的填充属性如下：

● 树样式：要创建的树的种类。每个树样式都以实际的树种为基础。

● 树缩放：树的大小。值必须在 75～100 之间。值越高，创建的树越大。

● 分支颜色：树干的颜色。

● 树叶颜色：叶子的颜色。

● 花/果实颜色：花和果实的颜色。

设置好以上属性之后，按下鼠标左键，在舞台上拖动鼠标指针，即可创建大型分支。在舞台上单击可以创建较小的分支。

2.1.9　3D 转换工具

Flash CS5 提供了两个 3D 转换工具——3D 平移工具和 3D 旋转工具。借助这两个工具，可以通过在舞台的 3D 空间中移动和旋转影片剪辑来创建 3D 效果。

在 3D 术语中，在 3D 空间中移动一个对象称为"平移"，在 3D 空间中旋转一个对象称为"变形"。若要使对象看起来离查看者更近或更远，可以使用 3D 平移工具或属性检查器沿 z 轴移动该对象；若要使对象看起来与查看者之间形成某一角度，可以使用 3D 旋转工具绕对象的 z 轴旋转影片剪辑。通过组合使用这些工具，可以创建逼真的透视效果。

将这两种效果中的任意一种应用于影片剪辑后，Flash 会将其视为一个 3D 影片剪辑，每当选择该影片剪辑时就会显示一个重叠在其上面的彩轴指示符（x 轴为红色、y 轴为绿色，而 z 轴为蓝色）。

3D 平移和 3D 旋转工具都允许在全局 3D 空间或局部 3D 空间中操作对象。全局 3D

空间即为舞台空间，全局变形和平移与舞台相关。局部 3D 空间即为影片剪辑空间。局部变形和平移与影片剪辑空间相关。3D 平移和旋转工具的默认模式是全局，若要切换到局部模式，可以单击绘图工具面板底部的"全局"切换■按钮。

注意： 在为影片剪辑实例添加 3D 变形后，不能在"在当前位置编辑"模式下编辑该实例的父影片剪辑元件。

若要使用 Flash 的 3D 功能，FLA 文件的发布设置必须设置为 Flash Player 10 和 ActionScript 3.0。只能沿 z 轴旋转或平移影片剪辑实例。可通过 ActionScript 使用的某些 3D 功能不能在 Flash 界面中直接使用，如每个影片剪辑的多个消失点和独立摄像头。使用 ActionScript 3.0 时，除了影片剪辑之外，还可以向对象（如文本、FLV Playback 组件和按钮）应用 3D 属性。

注意： 不能对遮罩层上的对象使用 3D 工具，包含 3D 对象的图层也不能用作遮罩层。

1. 3D 平移工具

使用 3D 平移工具 ⚓ 可以在 3D 空间中移动影片剪辑实例。在使用该工具选择影片剪辑后，影片剪辑的 X、Y 和 Z 3 个轴将显示在舞台上对象的顶部。如图 2-50 所示。

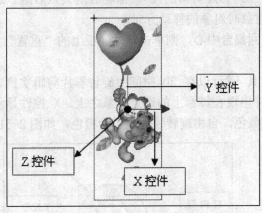

图 2-50　3D 平移工具叠加

影片剪辑中间的黑点即为 z 轴控件。默认情况下，应用了 3D 平移的所选对象在舞台上显示 3D 轴叠加。读者可以在"首选参数"/"常规"对话框中关闭此叠加。

若要移动 3D 空间中的单个对象，可以执行以下操作：

01 在工具面板中选择 3D 平移工具 ⚓，并在工具箱底部选择局部或全局模式。

02 用 3D 平移工具选择舞台上的一个影片剪辑实例。

03 将鼠标指针移动到 x、y 或 z 轴控件上，此时鼠标指针的形状将发生相应的变化。例如，移到 x 轴上时，指针变为▶×，移到 y 轴上时，显示为▶Y。

04 按控件箭头的方向按下鼠标左键拖动，即可沿所选轴移动对象。上下拖动 z 轴控件可在 z 轴上移动对象。

沿 x 轴或 y 轴移动对象时，对象将水平方向或垂直方向直线移动，图像大小不变；沿 z 轴移动对象时，对象大小发生变化，从而使对象看起来离查看者更近或更远。

此外，读者还可以打开属性面板，在"3D 定位和查看"区域通过设置 X、Y 或 Z 的值平移对象。在 z 轴上移动对象，或修改属性面板上 z 轴的值时，"高度"和"宽度"的值将随之发生变化，表明对象的外观尺寸发生了变化。这些值是只读的。

注意： 如果更改了 3D 影片剪辑的 z 轴位置，则该影片剪辑在显示时也会改变其 x 和 y 位置。

如果在舞台上选择了多个影片剪辑，按住 Shift 并双击其中一个选中对象，可将轴控件移动到该对象；通过双击 z 轴控件，可以将轴控件移动到多个所选对象的中间。

05 单击属性面板上 🖾 右侧的文本框，可以设置 FLA 文件的透视角度。

透视角度属性值的范围为 1°～180°，该属性会影响应用了 3D 平移或旋转的所有影片剪辑。增大透视角度可使 3D 对象看起来更接近查看者。减小透视角度属性可使 3D 对象看起来更远。

06 单击属性面板上 △ 右侧的文本框，可以设置 FLA 文件的消失点。

该属性用于控制舞台上 3D 影片剪辑的 z 轴方向。消失点是一个文档属性，它会影响应用了 z 轴平移或旋转的所有影片剪辑，更改消失点将会更改应用了 z 轴平移的所有影片剪辑的位置。消失点的默认位置是舞台中心。

FLA 文件中所有 3D 影片剪辑的 z 轴都朝着消失点后退。通过重新定位消失点，可以更改沿 z 轴平移对象时对象的移动方向。

若要将消失点移回舞台中心，则单击属性面板上的"重置"按钮。

2．3D 旋转工具

使用 3D 旋转工具 🔵 可以在 3D 空间中旋转影片剪辑实例。在使用该工具选择影片剪辑后，3D 旋转控件出现在舞台上的选定对象之上。X 控件显示为红色、Y 控件显示为绿色、Z 控件显示为蓝色，自由旋转控件显示为橙色，如图 2-51 所示。

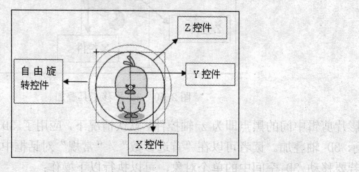

图 2-51　3D 旋转工具叠加

使用橙色的自由旋转控件可同时绕 X 和 Y 轴旋转。若要旋转 3D 空间中的单个对象，可以执行以下操作：

01 在工具面板中选择 3D 旋转工具 🔵，并在工具箱底部选择局部或全局模式。

02 用 3D 旋转工具选择舞台上的一个影片剪辑实例。3D 旋转控件将显示为叠加在所选对象之上。如果这些控件出现在其他位置，请双击控件的中心点以将其移动到选定的对象。

03 请将鼠标指针移动到 x、y、z 轴或自由旋转控件之上，此时鼠标指针的形状将发生相应的变化。例如，移到 x 轴上时，指针变为 ▶×，移到 y 轴上时，显示为 ▶Y。

04 拖动一个轴控件以绕该轴旋转，或拖动自由旋转控件（外侧橙色圈）同时绕 x 和 y 轴旋转。

左右拖动 x 轴控件可绕 x 轴旋转。上下拖动 y 轴控件可绕 y 轴旋转。拖动 z 轴控件进行圆周运动可绕 z 轴旋转。

若要相对于影片剪辑重新定位旋转控件中心点，则拖动中心点。若要按 45° 增量约束中心点的移动，请在按住 Shift 键的同时进行拖动。

移动旋转中心点可以控制旋转对于对象及其外观的影响。双击中心点可将其移回所选影片剪辑的中心。所选对象的旋转控件中心点的位置可以在"变形"面板的"3D 中心点"区域查看或修改。

若要重新定位 3D 旋转控件中心点，可以执行以下操作之一：

● 拖动中心点到所需位置。
● 按住 Shift 并双击一个影片剪辑，可以将中心点移动到选定的影片剪辑的中心。
● 双击中心点，可以将中心点移动到选中影片剪辑组的中心。

05 调整透视角度和消失点的位置。

📖 2.1.10 调整对象的位置

当在舞台中创建了大量的对象后，经常需要调整它们的位置，按一定的次序摆放，或以某种方式对齐，调整它们之间的距离。当在同一层中有不同的对象相互叠放在一起时，也需要调整它们的前后顺序。

1. 使用菜单命令调整对象的前后顺序

选择"修改" / "排列"命令，会弹出子菜单。使用该菜单可以调整对象的前后顺序。各个菜单命令的作用如下：

● "移至顶层"：将选中的对象移动到最上面一层。
● "上移一层"：：将选中的对象向上移动一层。
● "下移一层"：将选中的对象向下移动一层。
● "移至底层"：将选中的对象移动最下面一层。
● "锁定"：将选中的对象锁定，不参加排序，同时也不可以进行任何其他编辑。
● "解除全部锁定"：使所有对象全部解除锁定。

2. 使用"对齐"面板对齐对象

选择"窗口" / "对齐"命令，调出如图 2-52 所示的"对齐"浮动面板。可以看到该面板内有许多按钮，这些按钮被分成 5 类："对齐"、"分布"、"匹配大小"、"间隔"以及"相对于舞台"。在任何时刻每类按钮最多只有一个按钮处于按下状态。各类图标按钮的作用如下：

● "对齐"：在水平方向上可以选择左对齐、居中对齐和右对齐（左边 3 个图标按钮）。在垂直方向上可以选择上对齐、居中对齐和下对齐（右边 3 个图标按钮）。
● "分布"：在水平方向上（左边的 3 个图标按钮）或垂直方向上（右边的 3 个图标按钮）以中心或边界为准的对齐分布。
● "匹配大小"：使选择的对象高度相等、宽度相等或高度和宽度都相等。

- "间隔"：在水平方向或垂直方向等间距分布对齐。
- "相对于舞台"：以整个页面为标准进行对齐。

图 2-52　"对齐"面板

2.1.11　舞台控制

当在使用 Flash CS5 进行创建动画时，常常需要调整舞台中对象的显示方式。例如，当所浏览的对象太小时就需要放大显示；当浏览对象的大小超过舞台时，就需要使用手抓工具或缩小显示，当想查看整个舞台对象时，就需要调整显示比例等。

1．手抓工具

当编辑的对象超出舞台显示区域时，可以使用视图右边和下边的滚动条，把需要编辑的部分移动到舞台中，还有一种方便的方法就是使用手抓工具。

单击绘图工具箱内的手抓工具🖐图标按钮，然后将鼠标指针移动到舞台，可以看到鼠标指针变成了手的形状，按下鼠标左键并拖曳，整个舞台的工作区会随着鼠标的拖动而移动。

2．缩放工具

使用缩放工具🔍可以放大或缩小舞台工作区内的图像。在选择了缩放工具后，在绘图工具箱的"选项"栏中会出现放大镜工具的属性设置，🔍表示放大，🔍表示缩小。

缩放对象时，先在工具箱中选择缩放工具，然后在需要缩放的区域点击鼠标即可。需要注意的是，缩放时，整个舞台上的对象同步缩放。

3．显示比例列表框

显示比例列表框位于舞台的右上角，它可以用来精确地放大或缩小对象，它的放大或缩小范围是 8%～2000%。另外，它还有两个选项，分别是"显示帧"、"全部显示"。其中，显示帧的功能是当舞台中的对象超出显示区而无法看清全貌时将舞台恢复到中间位置。全部显示的功能是以舞台的大小为标准，将舞台中所有的对象以等比例最大限度地放大或最小限度地缩小对象以看清全貌。

2.2　文本的使用

Flash CS5 可以按多种方式在文档中添加文本，通常一个 Flash CS5 文档中会包含几种不同的文本类型，每种类型适用于特定的文字内容。

Flash CS5 在保留原有文本引擎（即 Flash CS5 中的"传统文本"）的基础上，针对设计师增加了新的 Flash 文本布局框架（TLF）。TLF 支持更多丰富的文本布局功能和对文本属性的精细控制。与传统文本相比，TLF 文本提供了下列增强功能：

- 更多字符样式，包括行距、连字、加亮颜色、下划线、删除线、大小写、数字格式及其他。
- 更多段落样式，包括通过栏间距支持多列、末行对齐选项、边距、缩进、段落间距和容器填充值。
- 控制更多亚洲字体属性，包括直排内横排、标点挤压、避头尾法则类型和行距模型。
- 可以为 TLF 文本应用 3D 旋转、色彩效果以及混合模式等属性，而无需将 TLF 文本放置在影片剪辑元件中。
- 文本可按顺序排列在多个文本容器。这些容器称为串接文本容器或链接文本容器。
- 能够针对阿拉伯语和希伯来语文字创建从右到左的文本。
- 支持双向文本，其中从右到左的文本可包含从左到右文本的元素。当遇到在阿拉伯语或希伯来语文本中嵌入英语单词或阿拉伯数字等情况时，此功能必不可少。

注意： TLF 文本要求在 FLA 文件的发布设置中指定 ActionScript 3.0 和 Flash Player 10 或更高版本。此外，TLF 文本无法用作遮罩。

在本章接下来的小节中将对这两种文本引擎控制文本的方式进行简要介绍。

2.2.1 文本类型

在 Flash CS5 中，传统文本的文本类型可分为 3 种：静态文本、动态文本、输入文本。一般情况下的文本是静态文本，在动画播放过程中，文本区域的文本是不可编辑和改变的。动态文本就是可编辑的文本，在动画播放过程中，文本区域的文本内容可通过事件的激发来改变。输入文本就是在动画播放过程中，提供输入文本，产生交互。

根据文本在运行时的表现方式，TLF 文本创建的文本块也有三种：只读、可选和可编辑。当作为 SWF 文件发布时，只读文本无法选中或编辑；可选文本可以选中并可复制到剪贴板，但不可以编辑；可编辑文本可以选中和编辑。

同种文本引擎的 3 种文本类型的切换与设置均可以通过属性设置面板中的列表选项来选择。不仅如此，Flash CS5 还支持在传统文本和 TLF 文本之间互相转换。在转换时，Flash 将 TLF 只读文本和 TLF 可选文本转换为传统静态文本，TLF 可编辑文本转换为传统输入文本。在 TLF 文本和传统文本之间转换文本对象时，Flash 将保留大部分格式。然而，由于文本引擎的功能不同，某些格式可能会稍有不同，包括字母间距和行距。因此，读者在转换文本类型之后，应仔细检查文本并重新应用已经更改或丢失的任何设置。

本节简要介绍一下传统文本的 3 种类型，以及常用的一些文本属性。有关 TLF 文本的属性，将在本章下一节中进行介绍。

1. 静态文本

点击绘图工具箱里的文本工具按钮，调出属性设置面板，在属性面板的"文本引擎"下拉列表框中选择"传统文本"，在"文本类型"下拉列表框中选择"静态文本"选项。此时，属性设置面板如图 2-53 所示。

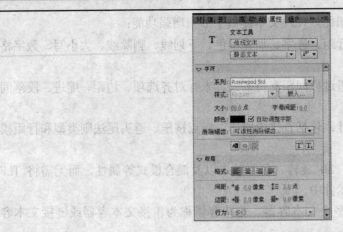

图 2-53 "静态文本"的属性设置面板

- 单击"文本类型"右侧的"改变文本方向" 按钮，可以改变文本的方向，有 3 种方式：水平、垂直（从左至右）、垂直（从右至左）。
- 单击"字母间距"右侧的文本显示区域，并输入数值，或滚动鼠标滑轮，即可调整字符间距。
- 选中 图标，表示在播放输出的 Flash 文件时，可以用鼠标拖曳选中这些文字，并可以进行复制和粘贴。如果取消选择，在播放输出的 Flash 文件时不能用鼠标选中这些文本。
- 利用 按钮组，可以设置文本的垂直偏移方式。左侧的图标表示将文本向上移动，变成上标；右侧的图标表示将文本向下移动，变成下标。
- 消除锯齿：指定字体的消除锯齿属性。有以下几项可供选择：
  - "使用设备字体"：指定 SWF 文件使用本地计算机上安装的字体来显示字体。使用设备字体时，应只选择通常都安装的字体系列，否则可能不能正常显示。
  - "位图文本（未消除锯齿）"：关闭消除锯齿功能，不对文本进行平滑处理。
  - "动画消除锯齿"：创建较平滑的动画。
  - "可读性消除锯齿"：使用新的消除锯齿引擎，可以创建高清晰的字体，即使在字体较小时也是这样。但是，它的动画效果较差，并可能会导致性能问题。
- 如果字体包括内置的紧缩信息，勾选 自动调整字距 选项可自动将其紧缩。

2．动态文本

利用动态文本，可以在舞台上创建可随时更新的信息，它提供了一种实时跟踪和显示分数的方法。可以在"动态文本"文本框中为文本命名，文本框将接收这个变量的值，如果需要，还可以在变量的前面加上路径。这个变量的值会显示在文本框中。通过程序，可以动态地改变文本框所显示的内容。在 Flash 动画播放时，其文本内容可通过事件的激发来改变。

为文本命名时，可以单击"嵌入"按钮设置该变量只能是哪些字符或不能出现哪些字符。

为了与静态文本相区别，动态文本的控制手柄出现在右下角，它也是由圆形手柄和方行手柄组成，圆形手柄表示以单行的形式显示文本，方形的手柄表示多行形式显示文本，双击方形控制手柄，可以切换到圆形控制手柄。

3．输入文本

输入文本与动态文本用法一样，但是它可以作为一个输入文本框来使用，在 Flash 动画播放时，可以通过这种输入文本框输入文本，实现与动画的交互。

如果在属性设置面板中选中 图标按钮，表示在文本区域内输入 HTML 代码。如果选中 图标按钮，则会显示文本区域的边界以及背景。如果不选择该项，在动画播放过程中文本区域的边框以及文本区域的背景是被隐藏看不见的，此时，文本区域与普通的文本框在外观上没有区别。

单行 列表框中有 4 个列表选项："单行"、"多行"、"多行不换行"以及"密码"，密码中输入的信息将以星号代替。

"最多字符数"：用于设置表单的长度，表示文本区域内可以看见信息的最大字符数。

2.2.2　文本属性

1．设置字体与字号

字体与字号是文本属性中最基本的两个属性，在 Flash CS5 中，可以通过菜单命令或属性面板来进行设置。

选择"文本"/"字体"命令，会弹出字体子菜单命令。显示字体的数量多少与 Window 操作系统安装字体的多少有关，当前被选择的字体左边有一个黑色实心点。

也可以单击选择绘图工具箱中的文本工具，然后打开属性设置面板上的字体下拉列表框，再单击选择其中一种字体。

选择"文本"/"大小"命令，则会弹出字号子菜单命令。可以从中选择一种字号。也可以调出文本工具的属性设置面板，通过拖动滑块设置字号的大小，它的范围是 8～96 之间的任意一个整数。当然，还可以在其前面的文本输入框中输入数值，它的范围是 0～2500 之间的任意一个整数。

2．设置文本的颜色及样式

在属性设置面板中单击颜色选择框，打开颜色选择器，可以为当前选择的文字设置颜色。

在属性设置面板中，单击按钮**B**，可在选择文本的粗体和正常体之间切换。单击按钮 *I*，可在选择文本的斜体和正常体之间切换。

也可以选择"文本"/"样式"命令，在弹出的子菜单中设置文本的样式。

3．设置 TLF 文本的字符属性

TLF 文本是 Flash Professional CS5 中的默认文本类型。TLF 文本的字符样式是应用于单个字符或字符组（而不是整个段落或文本容器）的属性。要设置字符样式，可使用文本属性检查器的"字符"和"高级字符"部分，如图 2-54 所示。

● 加亮显示：给文本加亮颜色。

● 字距微调：在特定字符对之间加大或缩小距离。

● 旋转：旋转各个字符。读者需要注意的是，为不包含垂直布局信息的字体指定旋转可能出现非预期的效果。

0°：强制所有字符不进行旋转。

270°：主要用于具有垂直方向的罗马字文本。如果对其他类型的文本使用此选项，可能导致非预期的结果。

自动：仅对全宽字符和宽字符指定 90° 逆时针旋转，这是字符的 Unicode 属性决定的。此值通常用于亚洲字体，仅旋转需要旋转的那些字符。此旋转仅在垂直文本中应用，使全宽字符和宽字符回到垂直方向，而不会影响其他字符。

● 下划线：将水平线放在字符下。

● 删除线：将水平线置于从字符中央通过的位置。

TLF 文本的"高级字符"面板如图 2-55 所示。

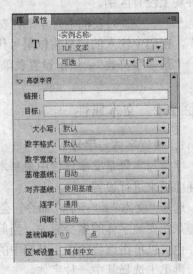

图 2-54　设置字符样式　　　　　　　图 2-55　设置高级字符样式

该部分包含以下属性：

● 链接：使用此字段创建文本超链接。输入于运行时在已发布 SWF 文件中单击字
符时要加载的 URL。

● 目标：用于链接属性，指定 URL 打开的方式。

● 大小写：指定如何使用大写字符和小写字符。大小写包括以下值：

默认：使用每个字符的默认字面大小写。

大写：指定所有字符使用大写字型。

小写：指定所有字符使用小写字型。

大写转为小型大写字母：指定所有大写字符使用小型大写字型。

小写转换为小型大写字母：指定所有小写字符使用小型大写字型。

● 数字格式：指定在使用 OpenType 字体提供等高和变高数字时应用的数字样式。
数字大小写包括以下值：

默认：指定默认数字大小写。

全高：全部大写数字，通常在文本外观中是等宽的，这样数字会在图表中垂直排列。

旧样式：旧样式数字具有传统的经典外观。

● 数字宽度：指定在使用 OpenType 字体提供等高和变高数字时是使用等比数字还

是定宽数字。数字宽度包括以下值：

默认：指定默认数字宽度。

等比：数字的总字符宽度基于数字本身的宽度加上数字旁边的少量空白。

定宽：每个数字都具有同样的总字符宽度。字符宽度是数字本身的宽度加上两旁的空白。

- 基准基线：为选中的文本指定基准基线。该选项仅当选中了文本属性面板选项菜单中的"显示亚洲文本选项"时可用。基准基线包括以下值：

自动：根据所选的区域设置改变。此设置为默认设置。

罗马语：对于文本，文本的字体和点值决定此值。对于图形元素，使用图像的底部。

上缘：指定上缘基线。对于文本，文本的字体和点值决定此值。对于图形元素，使用图像的顶部。

下缘：指定下缘基线。对于文本，文本的字体和点值决定此值。对于图形元素，使用图像的底部。

表意字顶端：将行中的小字符与大字符全角字框的顶端对齐。

表意字中央：将行中的小字符与大字符全角字框的中央位置对齐。

表意字底端：将行中的小字符与大字符全角字框的低端对齐。

- 对齐基线：为段落内的文本或图形图像指定不同的基线。

  使用基准：指定对齐基线使用"基准基线"设置。

- 连字：指定字母对的字面替换字符方式。

- 间断：该选项用于设置所选词在行尾中断的方式。间断属性包括以下值：

自动：断行机会取决于字体中的 Unicode 字符属性。此设置为默认设置。

全部：将所选文字的所有字符视为强制断行机会。

任何：将所选文字的任何字符视为断行机会。

无间断：不将所选文字的任何字符视为断行机会。

- 基线偏移：以百分比或像素设置基线偏移。如果是正值，则将字符的基线移到该行其余部分的基线下；如果是负值，则移动到基线上。

- 区域设置：指定特定于语言和地域的规则和数据的集合。作为字符属性，所选区域设置通过字体中的 OpenType 功能影响字形的形状。

2.2.3 输入文本

设置了文字的属性后，就可以输入文字了。

01 单击绘图工具箱中的文本工具。

02 在属性面板的"文本引擎"下拉列表中选择需要的文本引擎，在"文本类型"下拉列表中选择需要的文本类型。

03 单击"改变文本方向"图标按钮，从打开的下拉列表中选择一种文本方向。

Flash CS5 提供了 3 种输入状态，第一种是正常的输入状态，即水平方向从左到右的输入状态，它是系统默认的输入状态。第二种是从左到右的竖行输入状态，如图 2-56 所示。第三种是从右到左的竖行输入状态，如图 2-57 所示。

04 在舞台的工作区中单击鼠标，此时，舞台上出现一个文本框，可以在文本框内输入文字。

图 2-56 左到右的竖行输入状态 　　　　图 2-57 右到左的竖行输入状态

除直接输入文本外，Flash CS5 还允许将其他应用程序内的文字复制粘贴到舞台上。

2.2.4 编辑文本

Flash CS5 中编辑文本的方法和其他软件类似，可以通过"复制"、"剪切"、"粘贴"、"删除"等命令来对文本进行各种操作。

2.2.5 段落属性

传统文本的段落属性包括对齐方式和边界间距两项内容。下面对这两项内容分别进行简要介绍。

选择"文本"/"对齐"命令，在弹出的子菜单中可以设置段落的对齐方式。还可以通过文本属性设置面板中的 4 个对齐方式的按钮设置对齐方式。它们是：▤、▤、▤、▤。分别表示左对齐、中间对齐、右对齐、两端对齐。

边距就是文本内容距离文本框或文本区域边缘的距离。左边距就是文本内容距离文本框或文本区域左边缘的距离。首行缩进就是第一行文本距离文本框或文本区域左边缘的距离，当数值为正时，表示文本在文本框或文本区域左边缘的右边，当数值为负时，表示文本在文本框或文本区域左边缘的左边。行间距表示两行文本之间的距离，当数值为正时，表示两行文本处于相离状态，当数值为负时，表示两行文本处于相交状态。

若要设置 TLF 文本的段落样式，则使用文本属性检查器的"段落"和"高级段落"部分。如图 2-58 所示。

"段落"部分包括以下文本属性：

● 对齐：此属性可用于水平文本或垂直文本。

"左对齐"会将文本沿容器的开始端（从左到右文本的左侧）对齐。"右对齐"会将文本沿容器的末端（从左到右文本的右端）对齐。

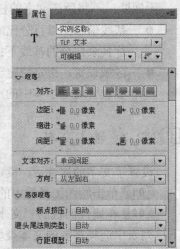

图 2-58 设置段落样式

此外，TLF 文本的两端对齐方式▤▤▤▤可以更详细地指定文本末行的对齐方式。如末行左对齐、末行居中对齐、末行右对齐、全部两端对齐。

在当前所选文字的段落方向为从右到左时，对齐方式图标的外观会反过来，以表示正确的方向。

- 间距：为段落的前后间距指定像素值。

在这里，读者需要注意的是，与传统页面布局应用程序不同，TLF 段落之间指定的垂直间距在这两个值重叠时会折叠。例如，有两个相邻段落，Para1 和 Para2。Para1 后面的空间是 12 像素（段后间距），而 Para2 前面的空间是 24 像素（段前间距）。TLF 会在这两个段落之间生成 24 像素的间距，而不是 36 像素。如果段落开始于列的顶部，则不会在段落前添加额外的间距。在这种情况下，可以使用段落的首行基线位移选项。

- 文本对齐：指示对文本如何应用对齐。文本对齐包括以下值：

字母间距：在字母之间进行字距调整。

单词间距：在单词之间进行字距调整。

- 方向：指定文本容器中的当前选定段落的方向。

如果在"首选参数"对话框中勾选了"显示亚洲文本选项"复选框，或在 TLF 文本属性面板的选项菜单中选中了"显示亚洲文本选项"时，"高级段落"选项才可用。利用"高级段落"部分可以设置 TLF 文本的以下属性：

- 标点挤压：此属性有时称为对齐规则，用于确定如何应用段落对齐。
- 避头尾法则类型：此属性有时称为对齐样式，用于指定处理日语避头尾字符的选项，此类字符不能出现在行首或行尾。
- 行距模型：行距模型是由允许的行距基准和行距方向的组合构成的段落格式。

行距基准确定了两个连续行的基线，它们的距离是行高指定的相互距离。行距方向确定度量行高的方向。如果行距方向为向上，行高就是一行的基线与前一行的基线之间的距离。如果行距方向为向下，行高就是一行的基线与下一行的基线之间的距离。

📖 2.2.6 设置容器和流属性

TLF 文本属性检查器中的"容器和流"部分用于控制影响整个文本容器的选项，如图 2-59 所示。

Flash CS5 提供了两种类型的 TLF 文本容器——点文本和区域文本。点文本容器的大小仅由其包含的文本决定。区域文本容器的大小与其包含的文本量无关。默认使用点文本。要将点文本容器更改为区域文本，可使用选择工具调整其大小或双击容器边框右下角的小圆圈。

在该部分可以设置以下属性：

- 行为：此选项用于指定容器如何随文本量的增加而扩展。

在这里需要说明的是，"多行"选项仅当选定文本是区域文本时可用。

- 指定容器内文本的对齐方式。

读者需要注意的是，如果将文本方向设置为"垂直"，

图 2-59 设置容器和流属性

"对齐"选项会相应更改。

- 列数：指定区域文本容器内文本的列数。默认值是 1，最大值为 50。
- ⊞：指定选定容器中的每列之间的间距。默认值是 20，最大值为 1000。
- 填充：指定文本和选定容器之间的边距宽度。
- ✏□·点：容器外部边框的颜色及边框宽度。边框宽度的最大值为 200。
- ◇□：容器的背景色。
- 首行偏移：指定首行文本与文本容器的顶部的对齐方式。首行偏移可具有下列值：

点：指定首行文本基线和框架上内边距之间的距离（以点为单位）。

自动：将行的顶部与容器的顶部对齐。

上缘：文本容器的上内边距和首行文本的基线之间的距离是字体中最高字型的高度。

行高：文本容器的上内边距和首行文本的基线之间的距离是行的行高（行距）。

- 方向：为选定容器指定文本方向。

当在段落级别应用时，方向将控制从左到右或从右到左的文本方向，以及段落使用的缩进和标点。当在容器级别应用时，方向将控制列方向。容器中的段落从该容器继承方向属性。

2.3 对象的应用

由于 Flash CS5 的动画是建立在对象的基础上，没有对象，Flash 不但不能对文本，甚至对普通的位图也不能进行操作，所以，对象对于 Flash 创作至关重要。

其实在前面的一些例子当中，已经接触了一些关于对象的例子和应用，本节将会对对象做详细的介绍。

2.3.1 对象的叠放

创建 Flash CS5 动画时，Flash CS5 会按照创建的时间和位置，自动的排列多个对象的位置。而有些时候，自动排列往往不能满足用户的需要，这个时候需要使用对象的排放功能重新排列对象次序。

选择"修改"/"排列"命令，在弹出的子菜单中可以设置对象的排放顺序。

- "移至顶层"：该选项可以把用户选择的对象移到最上方。
- "上移一层"：该选项可以把用户选择的对象向上移动。
- "下移一层"：该选项可以把用户选择的对象向下移动。
- "移至底层"：该选项可以把用户选择的对象移到最下方。
- "锁定"：锁定所有的对象叠放的顺序。
- "解除全部锁定"：释放所有的对象叠放的顺序。

2.3.2 对象的组合

在前面提到过，当要对两个以上的对象进行相同的操作而不改变两者之间的位置关系时，可以对对象进行组合。

用"修改"/"组合"命令可以将选中的所有对象进行组合。

当需要分别对组合中的对象进行操作的时候，也可以用"修改"/"取消组合"命令进行组的打散，使其成为单一的对象。

2.3.3 对象的打散

由于 Flash CS5 可以操作的对像是矢量图形，所以对于文本和位图等它不能操作的对象，就需要用打散功能使其成为可编辑的元素。

选中要打散的对象后，用"修改"/"分离"命令（Ctrl +B）可以完成该操作。

2.4 本章小结

本章全面细致地介绍了如何使用绘图工具箱中的绘图工具创建各种矢量图形，详细讲解了如何使用各种编辑工具对各种矢量图形进行编辑，同时也介绍了如何编辑色彩。本章还介绍了设置文本属性的方法和技巧、文本的输入方法和技巧、3 种文本类型的区别和应用情况。详细讲述如何在 Flash CS5 中转换文本的类型以及如何将文本转换成矢量图形。掌握这些工具的使用方法，是使用 Flash CS5 的基础。希望读者仔细阅读本章所介绍的内容，并上机操作多加练习。

2.5 思考与练习

1. 填空题

（1）Flash CS5 提供了＿＿＿＿、＿＿＿＿、＿＿＿＿3 种铅笔模式。

（2）使用套索工具的时候，可以选择＿＿＿＿、＿＿＿＿和＿＿＿＿3 种套索模式之一。

（3）橡皮工具主要用来擦除舞台上的对象，选择绘图工具箱中的橡皮工具后，会在"选项"栏中出现 3 个选项，它们分别是＿＿＿＿、＿＿＿＿、＿＿＿＿。

（4）在 Flash CS5 中，可以使用吸管工具吸取选定对象的某些属性，再将这些属性赋给其他目标图形，吸管工具可以吸取＿＿＿＿、＿＿＿＿的属性。

（5）字体与字号是文本属性中最基本的两个属性，在 Flash CS5 中，可以通过＿＿＿＿或＿＿＿＿来进行设置。

（6）文本的段落属性包括＿＿＿＿和＿＿＿＿两项类容。

（7）在 Flash CS5 中，传统文本类型可分为＿＿＿＿、＿＿＿＿、＿＿＿＿3 种。TLF 文本类型可分为＿＿＿＿、＿＿＿＿、＿＿＿＿3 种。

2. 问答题

（1）铅笔工具的 3 种状态的区别是什么？

（2）如何用椭圆工具绘制标准的圆形？

（3）如何用矩形工具绘制标准的正方形？

（4）如果想对"场景"中的所有对象进行统一的操作，应该怎么实现？

3. 操作题

（1）使用铅笔工具绘制不同的线条（包括不同的颜色、大小以及线型），并用铅笔写出"HELLO FLASH!"。效果如图 2-60 所示。

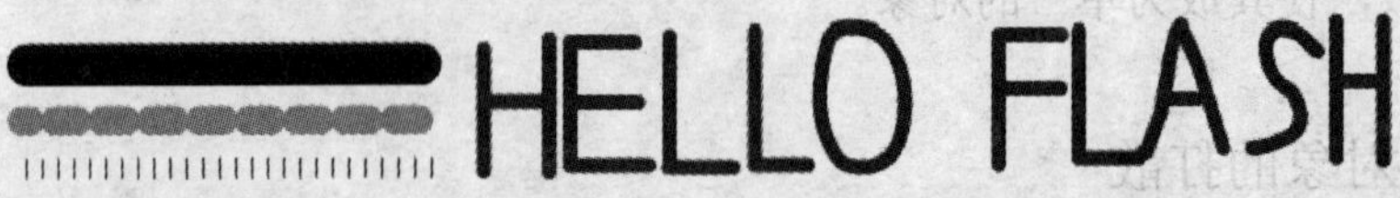

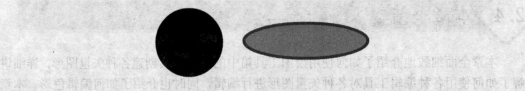

图 2-60 习题效果图

（2）使用椭圆工具绘制一个没有边线的正圆和一个有边线的椭圆。效果如图 2-61 所示。

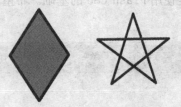

图 2-61 习题效果图

（3）使用钢笔工具绘制出一个菱形和一个五角星。效果如图 2-62 所示。

图 2-62 习题效果图

（4）导入一幅位图图像，然后使用该图像，填充到习题 2 所绘制的椭圆中。

（5）使用橡皮工具将习题 1 中所绘制的对象全部擦除。

（6）使用矩形工具绘制 3 个大小不同的矩形，然后将它们调整到顶端对齐、大小一样以及它们之间的间距相等。

第 3 章

元件和实例

在 Flash 中,元件是可以重复使用的图像、按钮或影片剪辑。元件实例则是元件在工作区里的具体体现。使用元件可以大大缩减文件的大小,加快电影的播放速度,还可以使编辑电影更加简单化。

- ◎ 元件和实例的概念
- ◎ 元件和实例的运用
- ◎ 影片剪辑
- ◎ 辅助工具的使用

3.1 元件和实例的概念

元件是 Flash 动画中的最基本的演员。元件制作出来之后，放于"库"中。准确地讲，元件就是尚在幕后，还没有走到舞台上的"演员"。那么，元件一旦走上舞台了呢，那我们就叫它实例！也就是说元件从幕后走到台前，就是该元件的"实例"！

元件有 3 种类型，分别是影片剪辑、按钮、和图形元件，我们创建的元件放在"窗口"菜单的"库"中，而系统自带的元件放在"公用库"里。使用的时候，从里面拖到工作区就可以了，十分方便。

那么 3 种元件有什么区别呢？图形元件将来是作为一个基本图形使用，一般是静止的一幅画或是一张图。

影片剪辑元件是一小段动画，可以说许多影片剪辑组成动画，而它其中还可以包含影片剪辑，它其实就是一个容器。一般用在要一直运动的物体，比如夜空闪闪发光的小星星，一个不停旋转的图标，一行不断跳跃的文字，都可以先制作成一个影片元件，使用的时候拖到工作区就可以了。

按钮元件比较特殊，原因在于按钮性质比较特殊，按钮可以跟鼠标进行对话，它主要用于交互：当鼠标移向一个按钮时，按钮会有一些不同的变化，当鼠标单击按钮时，按钮可以发布一个命令，从而控制动画的播放，因此我们制作出按钮元件可以控制动画，比如停止（stop）、播放（play）等等，按钮的颜色会随着鼠标的动作而改变。

3.2 创建元件

制作动画，特别是制作网页上的动画时，一定要使文件的体积尽可能的小，这样下载的速度将会缩短。因此，动画中重复的图像要把它制成一个元件，便于重复利用。下面以一个简单实例制作演示元件的创建方法：

01 选择"插入"/"新建元件"命令，或按快捷键 Ctrl+F8。

02 在弹出的对话框中输入元件名称，选择元件类型为"按钮"，单击"确定"即可打开一个工作场景，也就是元件编辑场景。

03 选中"弹起"帧，在元件编辑场景中绘制一个矩形，边角半径为 20，无笔触填充，内部填充色为渐变。

04 选择文本工具，在属性面板上设置好字体、颜色和大小后，输入"GO"，此时的效果如图 3-1 所示。

05 单击"指针经过"帧，点击鼠标右键，选择"插入关键帧"命令。选中矩形，在属性面板中修改其填充颜色。

06 单击"点击"帧，点击鼠标右键，选择"插入关键帧"命令。选中文本，在属性面板中修改其填充颜色。

07 该按钮元件已创建完成，按 F12 可以预览。效果如图 3-2 和图 3-3 所示。

在 Flash CS5 中，可以将舞台上的一个或多个元素转换成为元件。步骤如下：

01 选择舞台上要转化为元件的对象。这些对象包括形状、文本甚至其他元件。

02 选择"修改"/"转化为元件"命令。

03 在弹出的对话框中为新元件指定一个名称及类型，如图形、按钮或影片剪辑。

04 如果要修改元件注册点位置，单击对话框中注册图标▦上的小方块，然后确定。

图 3-1　按钮弹起状态　　　　图 3-2　鼠标经过和按下状态　　　　图 3-3　点击状态

05 选择"窗口"/"库"命令，这时，在打开的库面板里就可以看到新创建的元件已添加至库中。

3.3　编辑元件

可以选择在不同的环境下编辑元件，在这之前先向读者介绍如何对元件进行复制。

3.3.1　复制元件

复制某个元件可以将现有的元件作为创建新元件的起点，然后根据需要进行修改。要复制元件，可以使用下列的两种方法之一：

1. 使用库面板复制元件

01 在库面板中选择要复制的元件。

02 点击库面板右上角的选项按钮，在弹出的库选项菜单中选择"直接复制…"命令，这时弹出"直接复制元件"对话框。

03 在这个对话框里，输入复制后的元件副本的名称，并为其指定行为，单击"确定"。此时，复制的元件就存在于库面板中了。

2. 通过选择实例来复制元件

01 从舞台上选择要复制的元件的一个实例。

02 选择"修改"/"元件"/"直接复制元件"命令。

03 在弹出的"直接复制元件"对话框里输入元件名，单击"确定"即可将复制的元件导入到库中。

3.3.2　编辑元件

编辑元件的方法有很多种，下面介绍几种常用编辑元件的方法。

● 使用元件编辑模式编辑：在舞台工作区中，选择需要编辑的元件实例，然后在其上面右击鼠标，在弹出的快捷菜单中选择"编辑"命令，即可进入元件编辑窗口。此时正在编辑的元件名称会显示在舞台上方的信息栏内。如图3-4所示。

● 在当前位置编辑：在需要编辑的元件实例上单击鼠标右键，从弹出的菜单里选择"在当前位置编辑"命令，即可进入该编辑模式。此时，只有鼠标右击的实例所对应的元件可以编辑，但是其他对象仍然在舞台工作区中，以供参考，它们都半透明显示，表示不可编辑，如图 3-5 所示。

● 在新窗口中编辑：在需要编辑的元件实例上单击鼠标右键，从弹出的菜单中选择"在新窗口中编辑"命令，可进入该编辑模式。此时，元件将被放置在一个单独的窗口中进行编辑，可以同时看到该元件和主时间轴。正在编辑的元件名称会显示在舞台上方的信息栏内。当编辑完成后，单击工作区右上角的"×"按钮，关闭该窗口，即可回到原来的舞台工作区。

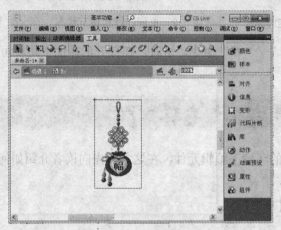

图 3-4　元件编辑模式

图 3-5　当前位置编辑模式

3.4　创建与编辑实例

　　一旦创建完一个元件之后，就可以在影片中任何需要的地方，包括在其他元件内，创建该元件的实例了。还可以根据需要，对创建的实例进行修改，以得到元件的更多效果。

3.4.1　创建实例

　　正如前面所提到的，从没有在电影中直接使用元件，而仅仅使用其实例。大多数情况下，这是通过将库中的某个实例拖放至舞台来完成的。具体步骤如下：

01 在时间轴上选择一层。

02 选择"窗口"/"库"命令，打开库面板。

03 从显示的列表中，选定要使用的元件， 单击元件名并将其拖动至舞台。这样，在舞台上即可创建此元件的实例。

3.4.2 编辑实例

1．改变实例类型

创建好一个实例后，可以在实例的属性面板中根据创作需要改变实例的类型，重新定义该实例在动画中的类型。例如，如果一个图形实例包含独立于主影片的时间轴播放的动画，则可以将该图形实例重新定义为影片剪辑实例。

若要改变实例的类型，可以进行如下操作：

01 在舞台上单击选中要改变类型的实例。

02 在实例的属性面板左上角的"实例行为"下拉列表中选择目的类型。

2．改变实例的颜色和透明度

01 单击舞台上元件的一个实例，打开实例属性面板。

02 在"色彩效果"区域单击"样式"按钮弹出下拉菜单，从图 3-6 所示的选项中选择所需选项。

- 无：这将使实例按其原来方式显示，即不产生任何颜色和透明度效果。
- 亮度：可以调整实例的总体灰度。设置为 100%使实例变为白色，设置为－100%使实例变为黑色。
- 色调：可以使用色调为实例着色。此时可以使用色调滑块设置色调的百分比。如果需要使用颜色，可以在各自的文本框中输入红、绿和蓝的值来选择一种颜色。
- Alpha：可以调整实例的透明度。设置为 0%使实例全透明，100%最不透明。
- 高级：选择该选项弹出"高级效果"对话框，可以分别调节实例的红、绿、蓝和透明的值。

注意：颜色编辑效果只在元件实例中可用。不能对其他 Flash 对象（如文本、导入的位图）进行这些操作，除非将这些对象变为元件后将一个实例拖动至舞台上进行编辑。

3．设置图形实例的动画

在如图 3-7 所示的图形实例的属性面板中，可以设置图形实例的动画效果。

图 3-6　色彩效果下拉列表

图 3-7　设置实例动画效果

- 循环：使实例循环重复。当主时间线停止时，实例也将停止。
- 播放一次：使实例从指定的帧开始播放，放映一次后停止。
- 单帧：只显示图形元件的单个帧，此时需要指定显示的帧。

3.5 库

Flash 项目可包含上百个数据项，其中包括元件、声音、位图及视频。若没有库，要对这些数据项进行操作并对其进行跟踪将是一项使人望而生畏的工作。对 Flash 库中的数据项进行操作的方法与在硬盘上操作文件的方法相同。

选择"窗口"/"库"命令，即可显示库窗口。库窗口由以下区域组成，如图 3-8 所示。

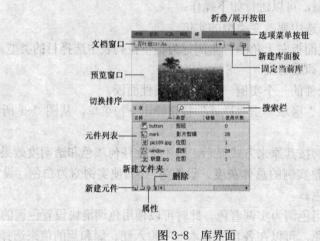

图 3-8　库界面

- 选项菜单按钮：单击该按钮打开库选项菜单，其中包括使用库中的项目所需的所有命令。
- 文档窗口：显示 Flash 文件的名称。在该下拉列表中可以在打开的多个 Flash 文件的库面板之间进行切换。

Flash CS5 改进的统一"库"面板允许读者同时查看多个 Flash 文件的库项目。单击文档名称下拉列表可以选择要查看库项目的 Flash 文件。

- 预览窗口：此窗口可以预览某个库项目的外观及其如何工作。
- 栏标题：描述信息栏下的内容，它提供项目名称、种类、使用数等等的信息。
- 切换排序顺序按钮：使用此按钮对项目进行升序或降序排列。
- 新建元件按钮：从库窗口中创建新元件，与"插入"/"新建元件"命令的作用相同。
- 新建文件夹按钮：使用此按钮在库目录中创建一新文件夹。
- 项目属性按钮：使用此按钮产生项目的属性对话框以便可以更改选定项的设置。
- 删除按钮：如果选定了库中的某项，然后按下此按钮，将从项目中删除此项。
- 搜索栏：利用该功能，可以快速地在库面板中查找需要的库项目。

利用库面板可以执行很多任务，且从库窗口中执行任务是一件很简单的事情，下面看看库窗口的一些主要功能。

3.5.1　创建项目

可以从库窗口中直接创建的项目包括新元件、空白元件及新文件夹。

- 单击库窗口下方的 ⊡ 按钮，可以新建一个文件夹。新文件夹添加至库目录结构的根部，它不存在任何文件夹中。
- 单击库窗口底部的 ⊞ 按钮，可以新建一个元件。新元件自动添加至库中，而且其时间线和舞台出现，此时可以开始向其中添加内容。

如果要在库中添加组件，应作如下操作：

01 执行"窗口"/"库"命令打开库面板。
02 执行"窗口"/"组件"命令打开组件面板。
03 在组件面板中选择要加入到库面板中的组件图标。
04 按住鼠标左键将组件图标从组件面板拖到库面板中。

3.5.2　删除项目

01 在库窗口中选定要删除的项目。选定的项目将突出显示。
02 在库窗口的库项目选单里选择"删除"命令，或在库窗口的底部单击删除按钮 🗑。
03 在出现删除确认对话框中，单击"确定"即可删除。

技巧：可以通过按住 Ctrl 键单击或按住 Shift 单击，以选定库窗口中的多项。

在制作 Flash 动画的过程中，往往会增加许多始终没有用到的组件。作品完成时，应将这些没有用到的组件删除掉，以避免原始的 Flash 文件过大。

要找到始终没用到的组件，可采取以下方法：

01 单击库选项菜单按钮 ▤，在弹出的快捷菜单里选择"选择未用项目"选项。
02 在库面板中，用"使用次数"栏目排序，所有使用数为 0 的组件，都是在作品中没用到的。一旦选定了它们，便可以同时进行删除。

3.5.3　在库窗口中使用元件

在库窗口中，可以快速浏览或改变元件的属性或行为，编辑其内容和时间线。

要从库窗口中得到元件属性，应作如下操作：

01 在库窗口中选定此元件。
02 从库窗口的库选项菜单中选择属性，或在库窗口的底部单击属性按钮。

要从库窗口中更改某元件的行为，应作如下操作：

01 右击要更改其行为的元件。
02 在弹出菜单中选择"类型"，然后从其子菜单中选定某个指定行为。

要从库窗口中进入元件的元件编辑模式，应作如下操作：

01 在库窗口中选定元件，其突出显示。

02 从库窗口的选项菜单中选择"编辑"命令，或者双击库中的元件图标。

要对库中的项目进行排序，应作如下操作：

01 单击其中某一栏标题以对库的项按此标题进行排序。

02 单击排序按钮以选择是否按升序或降序排列库的项。

注意：在排序时每个文件夹独立排序，它不参与项目的排序。

3.6 使用公共库

Flash CS5 给用户提供了公共库。利用该功能，可以在一个动画中定义一个公共库，在以后制作其他动画的时候就可以链接该公共库，并使用其中的元件。

可以从"窗口"菜单里找到"公用库"。在 Flash 中公共库就是一个独立的库，但是根据公共库中资源的类型各有不同，Flash CS5 将公共库分为了 3 类：

- 按钮公共库：很明显，这个库中的组件都是按钮元件。它包含了很多不同种类的按钮元件，为用户使用按钮元件提供了很多素材。
- 声音：这个公用库中的资源都是声音元件。
- 类公共库：主要用来提供编译剪辑。

3.6.1 定义公共库

01 打开一个需要定义成公共库的动画，执行"窗口"/"库"命令打开图库面板。

02 在库面板中选择一个要共享的元件，单击选项菜单按钮，在弹出的快捷菜单中选择"属性"选项。

03 在弹出的"元件属性"对话框中单击"高级"折叠按钮，然后在如图 3-9 所示的对话框中的"共享"部分选中"为运行时共享导出"单选框，在"标识符"文本框中输入该元件的标识符，最后在 URL 文本框中为公共库输入一个链接地址。

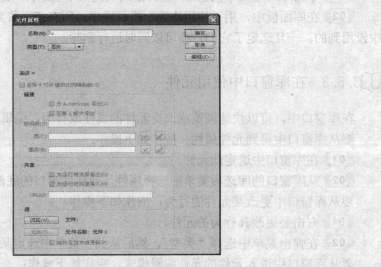

图 3-9   元件属性对话框

3.6.2　使用公共库

若要使用公共库中的元件，有以下两种方法：

● 在公共库选中要使用的元件，然后将该元件拖到当前动画的库中。

● 在公共库选中要使用的元件，然后将该元件拖到当前动画的工作区中。

注意：在完成上述的操作之后，在当前动画的图库中就会出现公共库中的元件，但这个元件文件只是作为一个外部文件而不会被视为当前动画的文件。

3.7　精彩实例

本节将向读者介绍雪花飞舞的制作方法，内容包括雪花图形元件的创作，通过创建关键帧动画来制作飘落动画，将各个元件组合成下雪的场景，最后把这些元件合理地布置在场景中，制作了一个雪花纷纷扬扬下落的场景。通过本节的学习，您可以掌握使用矩形工具制作雪花的方法，掌握"变形"面板调整对象的方法以及自由变形工具的使用方法。

3.7.1　制作雪花元件

01 新建一个 Flash 文档，并将其背景色设定为黑色。

02 执行"插入"/"新建元件"命令，给元件命名为"snow1"，并指定其类型为图形。

03 选择绘图工具箱里的矩形工具，在工作区里绘制一个长条状的矩形，将其填充颜色设为灰色，并删除周围的边线，如图 3-10 所示。

04 选择矩形，右击鼠标，在弹出的菜单里选择"复制"命令，将其复制并粘贴。

05 选择"窗口"/"变形"命令打开变形面板，将复制得到的矩形旋转 60°。

06 点击右下角的"复制并应用变形"按钮，复制出一个矩形。同样，再点击一下，再复制一个矩形，这时它旋转了 120°。把 3 个矩形叠放起来，如图 3-11 所示。

图 3-10　建立矩形

图 3-11　创建雪花

3.7.2　制作飘落动画

01 执行"插入"/"新建元件"命令，给元件命名为"snowmove1"，指定其类型为影片剪辑。

02 打开库面板，将 snow1 拖入元件 snowmove1 的编辑窗口中。

03 选中第 30 帧，按 F6 键，在第 30 帧创建一个关键帧。

04 选中第 1 帧，单击鼠标右键，在弹出的快捷菜单中选择"创建传统补间"命令。

05 建立完成之后可以看到时间轴上出现蓝色，并且出现箭头，说明补间动画已经成功创建。

06 选中第 1 帧，将雪花实例拖动到与场景中的十字号相对齐，如图 3-12 所示。

图 3-12　调整雪花位置

07 选中第 30 帧，将雪花实例拖动到舞台底部。

08 同样制作 snowmove2，snowmove3 两个元件，通过调整两个关键帧之间的距离，使雪花的下落速度产生不同，调整雪花在两个关键帧中的位置，使其中雪花飘落的轨迹各不相同。这样我们制作出来的雪景才更贴近真实情况。

3.7.3　将元件组合成场景

01 回到主场景之中，打开库面板，把 snowmove1，snowmove2，snowmove3 从库面板中拖入场景的第一帧中。

02 多拖入几个雪花飘动的实例，调整雪花的大小，因为距离较近的雪花看起来比较大而远处的雪花看起来比较小，这样可以使我们的雪景更加的真实。并把它们进行随机的摆放，使它们有高有低，效果如图 3-13 所示。

图 3-13　随机的摆放雪花

03 选中第 35 帧，按 F6 键，插入一个关键帧，这样我们的动画的第一层就完成了。

3.7.4　制作分批下落的效果

01 新建一个图层，在图层 2 的第 7 帧，按 F7 键插入一个空白关键帧。

02 选中图层 2 的第 7 帧，从库面板中拖入几个 snowmove 的实例，并且调整好大小和形状，这样新插入的雪花就会在第 7 帧开始下了。我们就实现了雪花分批降落的目的。

03 按照同样的原理再新建几个图层，并在不同的帧引入雪花。

04 执行"控制"/"测试影片"命令，就可以看到你自己制作的雪景了。如图3-14所示。

图 3-14 雪花效果

3.8 本章小结

本章主要介绍了元件与实例的区别和联系，以及它们的运用。本章的实例用到了图形元件和影片剪辑元件的创建，关键帧与空白帧的添加，基本图形的绘制以及变形面板，库面板的使用。希望读者认真练习每一个实例，尽可能掌握本章知识。只要在熟练掌握了基本元件运用的基础上，同时有了一定的关于元件绘制的基础，相信读者能够很快制作出更加美妙的动画来。

3.9 思考与练习

1．在时间轴线上加入空白帧有何作用？
2．变形面板能够对对象进行哪些调整？
3．如何通过帧的操作来改变雪花下落的速度？

第 **4** 章

图层与帧

本章将向读者介绍图层和帧的基本概念与操作，内容包括图层的模式介绍，如何对图层进行创建、复制和删除，如何改变图层顺序以及如何设置图层属性，引导层与遮罩层的使用方法，其中引导层的使用又包括普通引导层的使用和运动引导层的使用，最后是帧的编辑与属性设置。

◎ 图层与帧的基本概念

◎ 添加和编辑图层与帧

◎ 引导层和遮罩层的运用

◎ 帧的属性设置

4.1 图层的基本概念

许多图形软件都使用层来处理复杂绘图和增加深度感。在 Flash 这样的软件当中，对象一层层叠在一起形成了动画，而层是其最终的组织工具。当处理复杂场景及动画时，组织就极为重要了，层也会起到辅助作用。通过将不同的元素放置在不同的层上，就很容易做到用不同的方式对动画进行定位、分离、重排序等操作。

时间轴窗口的左侧部分就是图层面板。在 Flash CS5 中图层可分为普通图层、引导图层和遮罩图层。引导图层又分为普通引导图层和可运动引导图层。使用引导图层和遮罩图层的特性，可以制作出一些复杂的效果。

当普通层和引导层关联后，就称为被引导图层；而与遮罩图层关联后，层被称为被遮罩图层。

图层有如下 4 种模式：

- 当前层模式：在任何时候，只能有一层处于这种模式。这一层就是用户当前操作的层。用户画的任何一个新的对象，或导入的任何对象都将放在这一层上。无论何时建立一个新的层，该模式都是它的初始模式。当层的名称栏上显示一个铅笔图标 时，表示这一层处于当前层模式。
- 隐藏模式：当用户想集中处理舞台中的某一部分时，隐藏一层或多层中的某些内容是很有用的。当层的名称栏上有一个 的图标时，表示当前层为隐藏模式。
- 锁定模式：当一个层被锁定，可以看见该层上的元素，但是无法对其内容进行编辑。当层的名称栏上有一个锁 图标时，表示当前层被锁定。
- 轮廓模式：如果某层处于该模式，将只显示其内容的轮廓。层的名称栏上的彩色方框轮廓表示将显示该层内容的轮廓。如图 4-1 所示的"图层 3"、"图层 5"和"图层 7"都处于轮廓模式。当用户再次单击该图标时，可以使图标又变为方块，该层中的对象又变成可编辑状态。

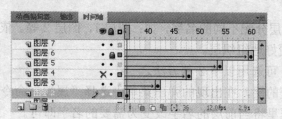

图 4-1 轮廓模式

4.2 图层的操作

层的主要好处是可以通过分层，把不同的效果添加到不同的层上，这样合并起来就是一幅生动而且复杂的作品。下面就向读者介绍如何对层进行基本的操作。

4.2.1　创建图层

当打开一个新的 Flash CS5 文件的时候，文件默认的图层数为 1。创建层有如下 3 种方法：

- 使用"插入"/"时间轴"/"图层"命令可以创建新的图层。
- 点击层窗口中的 图标，也可以创建新的图层。
- 右键点击时间轴上的任意一层，在弹出的菜单中选择"插入层"命令。

4.2.2　选取和删除图层

在图层窗口中单击图层行，或单击该图层的某一帧单元格，即可选中相应的图层。被选中的图层呈灰色，而且图层名称左边出现一个铅笔状图标，所选中的层即变为当前层。如图 4-2 所示的图层 3。

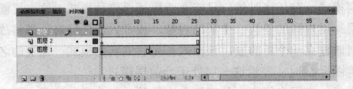

图 4-2　选取图层

若要删除一个图层，则必须先选择该图层，然后可以通过以下两种方法来删除选中的层。

- 单击图层选单上的 图标按钮即可。
- 在要删除的的层上右键单击鼠标，在弹出的菜单里选择"删除层"命令即可。

4.2.3　重命名层

Flash 为不同的层分配不同的名字，如：图层 1，图层 2 等。依照层之间的关系或内容为层命名，可以更好地组织层。

若要重命名层，可选用以下 2 种方法之一：

- 右击要改变的层，在出现的弹出菜单中选择"属性"命令，在弹出的"图层属性"对话框里将当前层的名字改变为需要的名字即可。
- 双击层名本身，然后输入一个新的层名，如图 4-3 所示。

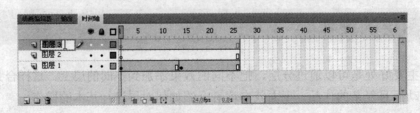

图 4-3　更改图层名

4.2.4 复制层

有时可能需要复制一层上的内容及帧来建立一个新的层，这在从一个场景到另一个场景或从一个电影到其他电影传递层时很有用。甚至可以同时选择一个场景的所有层并将它们粘贴到其他任何位置来复制场景。或者，可以复制层的部分时间线来生成一个新的层。无论何时，当用户在另一个层的开始位置粘贴一个层的内容及系列时，该层的名字将自动设置为与被复制层相同。

若要复制一个层，应作如下操作：

01 新建一个图层，使其能够接受另一个被复制层的内容。

02 选择要复制的层，鼠标左击该图层第一帧并拖动鼠标直到最后一帧，然后释放鼠标。选择的地方将变成灰色，表明被选中。

03 右击所选的帧，在弹出菜单中选择"复制帧"选项。

04 在新建的空层上，右击第1帧，在弹出的菜单上选择"粘贴帧"。

如果要复制多层，选择要复制的层时，从第一层的第一帧开始单击并拖动鼠标直到最底层的最后一帧，然后释放鼠标。如果这些层不连续，将不能进行这样的操作。

技巧：当需要选中一个层的时候，可以先用鼠标左键单击这一层的第一帧，然后按下shift键，同时再用鼠标左键点击这一层的最后一帧，这样这一层上的所有元素都被选中。若要选择连续的多层时，同样可以使用这个方法。

4.2.5 改变图层顺序

如果需要改变层的顺序，先选择需要调整顺序的图层，然后在该图层上按住鼠标不放，拖曳到需要的位置处，释放鼠标即可。

4.2.6 修改图层的属性

若要修改图层的属性，则必须选中该图层，然后在该图层的名称上双击鼠标，调出"图层属性"对话框，如图4-4所示。

图4-4 "图层属性"对话框

该对话框中各个选项的作用如下：

● "名称"：在该文本框中输入选定图层的名称。

- ● "显示"：如果选择了该项，则图层处于显示状态，否则处于隐藏状态。
- ● "锁定"：如果选择了该项，则图层处于锁定状态，否则处于解锁状态。
- ● "类型"：利用该选项，可以选定图层的类型。它又分为以下几个选项：
  - ➤ "一般"：如果选择了该项，将选定的图层设置为普通图层。
  - ➤ "遮罩层"：如果选择了该项，将选定的图层设置为遮罩图层。
  - ➤ "被遮罩"：如果选择了该项，将选定的图层设置为被遮罩图层。
  - ➤ "文件夹"：如果其他选择了该项，将选定的图层设置为图层文件夹。
  - ➤ "引导层"：如果其他选择了该项，将选定的图层设置为引导图层。
- ● "轮廓颜色"：设定当图层以轮廓显示时的轮廓线颜色。在一个包含很多层的复杂场景里，轮廓颜色可以使读者能够很快识别选择的对象所在的层。
- ● "将图层视为轮廓"：选中的图层以轮廓的方式显示图层内的对象。
- ● "图层高度"：改变图层单元格的高度。

4.3 引导图层

引导图层的作用就是引导与它相关联图层中对象的运动轨迹或定位。其他可以在引导图层内打开显示网格的功能、创建图形或其他对象，这可以在绘制轨迹时起到辅助作用。引导图层只能在舞台工作区中看到，在输出电影时它是不会显示的。只要合适，其他可以在一个场景中使用多个引导层。

4.3.1 普通引导图层

普通引导图层只能起到辅助绘图和绘图定位的作用。创建普通引导图层的步骤如下：

01 单击图层面板上增加图层的图标按钮，创建一个普通图层。

02 将鼠标移动到该图层的名称处，然后右击鼠标，在弹出的快捷菜单中选择"引导层"命令即可。

4.3.2 运动引导图层

实际创作的动画中会包含许多直线运动和曲线运动，在 Flash 中建立直线运动是件很容易的事，而建立一个曲线运动或沿一条路径运动的动画就需要使用运动引导层。

运动引导层可以和至少同一个层建立联系，它可以连接任意多个层。将层与运动引导层连接可以使被连接层上的任意元件沿着运动引导层上的运动路径运动。只有在创建运动引导层时选择的层才会自动与该运动引导层建立连接。可以在以后将其他任意多的标准层与运动引导层相连。任何被连接层的名称栏都将被嵌在运动引导层的名称栏的下面，这可以表明一种层次关系。被连向运动引导层的层称为被引导层。默认情况下，任何一个新生成的运动引导层自动放置在用来创建该运动引导层的层的上面。可以像操作标准层一样重新安排它的位置，然而任何同它连接的层都将随之移动以保持它们间的位置关系。

若要建立一个运动引导层，应作如下操作：

01 单击要为其建立运动引导层的层。

02 在该图层的名称处右击鼠标，从弹出的快捷菜单中选择"添加运动引导层"命令。此时就会创建一个引导图层，并与刚才选中的图层关联起来，如图 4-5 所示，可以看到被引导图层的名字向右缩进，表示它是被引导图层。

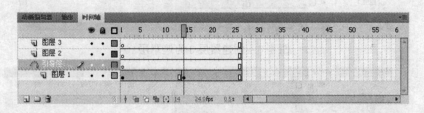

图 4-5　创建运动引导图层

若要使另外的层同运动引导层建立连接，应作如下操作：

01 选择欲与运动引导层建立连接的标准层的名称栏。选中层的底部显示一条深灰色的线，表明该层相对于其他层的位置。

02 拖动该层直到标识位置的灰线出现在运动引导层的名称栏的正下方，然后释放鼠标。这一层现在被连接到了运动引导层上。

如果要取消同运动引导层的连接关系，只要将被引导层拖到运动引导层的上面，或其他标准栏的下面，然后释放鼠标。

4.4　遮罩图层

遮罩图层的作用就是可以透过遮罩图层内的图形看到其下面图层的内容，但是不可以透过遮罩层内的无图形处看到其下面图层的内容。利用遮罩层的这个特性，可以制作出一些特殊效果。例如图像的动态切换、探照灯和图像文字等效果。

遮罩层是包括用作遮罩的实际对象的层；而被遮罩层是一个受遮罩层影响的层。遮罩层可以有多个与之相联系的或相连接的被遮罩层。就像动作引导层一样，遮罩层起初与一个单独的被遮罩层相连，当它变成遮罩层时，此被遮罩层在当前层的下面。同时，遮罩层也可以与任意多个被遮罩层相连，仅有那些与遮罩层相连接的层会受其影响。

4.4.1 创建遮罩图层

01 右击要转化为遮罩层的层的名称栏。

02 在弹出的快捷菜单上选择"遮罩层"命令。

此时，在该层名字及其正下方的层的旁边出现一个■图标，表明它们已与一个遮罩层连接，如图 4-6 所示。

如果要将其他层连接到遮罩层，只要将该层拖到遮罩层的下方即可。如图 4-7 所示。

在创建遮罩图层后，Flash CS5 会自动锁定遮罩图层和被遮罩图层，如果需要编辑遮罩图层，必须先解锁，然后再编辑。但是解锁后就不会显示遮罩效果，如果需要显示遮罩效果必须再锁定图层。

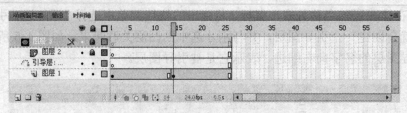

图 4-6　创建图层 3 为遮罩层

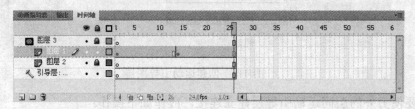

图 4-7　将图层 3 连接到遮罩层

4.4.2　编辑被遮罩层

01 单击需要编辑的被遮罩层，它将被突出显示。

02 单击该层上锁定切换按钮来解除锁定。现在可以编辑该层的内容。

03 完成编辑后，右击该层的名称栏，从出现的菜单条中选择"显示遮罩"命令重建遮罩效果或再次锁定该层。

注意： 编辑被遮罩层上的内容时，遮罩层有时会影响操作。为了使编辑容易些，可以使用层名称栏上的隐藏模式来隐藏遮罩层。完成编辑后，右击与该遮罩层相关的某个层的名称栏，从出现的弹出菜单中选择"显示遮罩"重建遮罩层。

4.4.3　取消遮罩层

如果其他想取消遮罩效果，必须中断遮罩连接。中断遮罩连接的操作方法有如下 3 种：

- 在图层面板中，用鼠标将被遮罩的图层拖曳到遮罩图层的上面。
- 双击遮罩图层的名称，在〖图层属性〗对话框中选中"一般"单选按钮。
- 将鼠标移动到遮罩层的名称处，右击鼠标，在弹出的快捷菜单中取消"遮罩层"命令的选择。

4.5　帧

动画制作实际上就是改变连续帧的内容的过程。帧代表时刻，不同的帧就是不同的时刻，画面随着时间的变化而变化，就成了动画。

4.5.1 帧的基本概念

1. 帧与关键帧

帧就是在动画最小时间里出现的画面。Flash CS5 制作的动画是以时间轴为基础的动画，由先后排列的一系列帧组成。帧的数量和帧率决定了动画播放的时间，同时帧还决定了动画的时间与动作之间的关系。

Flash 中的动画是由若干幅静止的图像连续显示而形成的，这些静止的图像就是"帧"。

在时间轴上方的标尺上有一个帧播放头，用以显示当前所检视的帧位置，而在时间轴的上方，会显示出播放头当前所指向的帧的编号，如图 4-8 所示。播放动画时，播放头会沿着时间标尺由左向右移动，以指示当前所播放的帧。

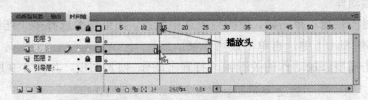

图 4-8 时间标尺

在时间线上，实心圆点表示关键帧，空心圆点表示空白关键帧。创建一个新图层时，每一个图层的第一帧将自动被设置为关键帧。通过时间轴中帧的显示方式可以判断出动画的类型。例如：两个关键帧之间有淡蓝色的背景和黑色的箭头指示，表示渐变动画类型。如果出现了虚线就说明渐变过程发生了问题。

关键帧是动画中具有关键性内容的帧，或者说是能改变内容的帧。关键帧的作用就在于能够使对象在动画中产生变化。

2. 空白帧

若帧被设定成关键帧，而该帧又没有任何对象时，它就是一个空白关键帧。创建一个电影文件时，就会产生一个空白关键帧，它可以清除前面的对象。

在一个空白关键帧中加入对象以后，空白关键帧就会变成关键帧。前一个关键帧与后一个关键帧之间会用黑色线段来划分区段，而且每一个关键帧区段都可以赋予一个区段名称。在同一个关键帧的区段中，关键帧的内容会保留给它后面的帧。

利用关键帧的办法制作动画，可以大大简化制作过程。只要确定动画中的对象在开始和结束两个时间的状态，并为它们绘制出开始和结束帧。Flash CS5 会自动通过插帧的办法计算并生成中间帧的状态。由于开始帧和结束帧决定了动画的两个关键状态，所以它们就被称为关键帧。如果需要制作比较复杂的动画，动画对象的运动过程变化很多，仅仅靠两个关键帧是不行的。此时，其他可以通过增加关键帧来达到目的，关键帧越多，动画效果就越细致。如果所有的帧都成为关键帧，这就形成了逐帧动画。

普通帧也被称为空白帧，它是同一层中最后一个关键帧。在时间轴窗口中，关键帧总是在普通帧的前面。前面的关键帧总是显示在其后面的普通帧内，直到出现另一个关键帧为止。

3．帧频率

在默认条件下，Flash 动画播放的速度为 12 fps。帧频率过低，动画播放时会有明显的停顿现象；帧频率过高，则播放太快，动画细节一晃而过。因此，只有设置合适的帧频率，才能使动画播放取得最佳效果。

一个 Flash 动画只能指定一个帧频率。在创建动画之前最好先设置帧频率。直接在工作区下方的属性面板里修改播放速率数值即可设置帧频率。

4.5.2 帧的相关操作

当其他在创建动画时，常常需要添加帧或关键帧、复制帧、删除帧以及添加帧标签等操作。下面就对这些帧的相关操作进行介绍。

1．添加帧动作

01 在时间轴窗口单击帧，使帧处于选中状态。如果需要选择多个连续的帧，选中第一帧后，按住 Shift 键，再单击最后一帧。

02 右击需要添加动作的关键帧，打开〖动作-帧〗面板，如图 4-9 所示。

图 4-9 〖动作帧〗面板

2．添加帧

01 在时间轴上选择一个普通帧或空白帧，

02 选择"插入"/"时间轴"/"关键帧"命令，或右击时间轴上需要添加关键帧的位置，从弹出的快捷菜单中选择"插入关键帧"命令。

如果选择的是空白帧，普通帧则被加到新创建的帧上，如果选择的是普通帧，该操作只是将它转化为关键帧。

如果要添加一系列的关键帧，可先选择帧的范围，然后使用"插入关键帧"命令。

如果需要在时间轴窗口中添加空白关键帧，与添加关键帧的方法一样，从快捷菜单中选择"插入空白关键帧"命令。

如果需要在时间轴窗口中添加普通帧，可先在时间轴上选择一个帧，然后选择"插入"/"时间轴"/"帧"命令，或右击时间轴上需要添加关键帧的位置，从弹出的快捷菜单中选择"插入帧"命令。

3.移动、复制和删除帧

如果要移动帧,必须先选择移动的单独帧或一系列帧,然后将所选择的帧移动到时间轴上的新位置处。

复制并粘贴帧的方法:

01 选择移动的单独帧或一系列帧。

02 右击鼠标,从弹出的快捷菜单中选择"复制帧"命令。

03 在需要粘贴帧的位置处右击鼠标,从弹出的快捷菜单中选择"粘贴帧"命令即可。

如果需要将帧删除,先选择移动的单独帧或 系列帧,然后右击鼠标,从弹出的快捷菜单中选择"删除帧"命令即可。

4.5.3　帧属性的设置

Flash 可以创建两种类型的补间动画。一种是传统补间动画,即 Flash CS4 之前的版本中的"运动渐变动画",另一种就是"形状补间动画"。这两种补间动画的效果设置都是通过帧属性对话框来实现的。

点击选择时间轴上的帧,打开对应的属性面板,如图 4-10 所示。

如果选择了传统补间动画中的帧,对应的属性面板如图 4-11 所示,此时面板中各参数的意义如下:

图 4-10　帧属性面板

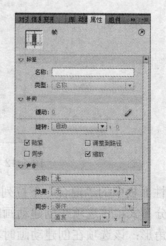

图 4-11　"传统补间动画"属性面板

● 缓动:表示动画的快慢。在默认情况下,补间帧以固定的速度播放。利用缓动值,可以创建更逼真的加速度和减速度。正值以较快的速度开始补间,越接近动画的末尾,补间的速度越低。负值以较慢的速度开始补间,越接近动画的末尾,补间的速度越高。

使用 Flash 中的缓动控件可以控制动画的开始速度和停止速度。制作动画时,速度变快被视为其运动的"缓入";动画在结束时变慢被称为"缓出"。Flash CS5 中的自定义缓入缓出控件允许其他精确选择应用于时间轴的补间如何影响补间对象在舞台上的效果。使用户可以通过一个直观的图表轻松而精确地控制这些元素，该图表可独立控制动画补间中使用的位置、旋转、缩放、颜色和滤镜。

● ✎：单击该按钮打开"自定义缓入/缓出"对话框，显示表示随时间推移动画变化程度的坐标图。水平轴表示帧，垂直轴表示变化的百分比。在该对话框中可以精确控制动画的开始速度和停止速度。

● 旋转：若要使组合体或元件旋转，可以从旋转下拉列表中选择一个选项。

注意：当选择"自动"选项后，Flash 将按照最后一帧的需要旋转对象。当选择"CW"或"CCW"旋转的类型后，还需要在后边的框中输入旋转的次数。如果不输入数字，则不会产生旋转。

● 贴紧：如果使用运动路径，根据其注册点将补间元素附加到运动路径。
● 调整到路径：如果使用运动路径，将补间元素的基线调整到运动路径。
● 缩放：如果组合体或元件的大小发生渐变，可以选中这个复选框。
● 同步：此属性只影响图形元件，使图形元件实例的动画和主时间轴同步。

如果选中的帧是形状补间动画中的一个帧，则在属性面板中将出现形状补间相关的参数选项，如图 4-12 所示。

图 4-12 "形状补间"属性面板

该属性面板中的"混合"下拉列表中包括两个选项：
● 分布式：该选项在创建动画时所产生的中间形状将平滑而不规则。
● 角形：该选项在创建动画时将在中间形状中保留明显的角和直线。

在帧属性面板中，还有声音、效果和同步等选项，将在后面的章节中向读者介绍。

4.6 本章小结

本章主要介绍了图层的基本概念，图层的编辑以及引导层和遮罩层的运用，在帧的内容里，介绍了关键帧与普通帧的区别，以及如何对帧进行添加、复制、删除等操作。图层和帧是 Flash 电影创作的基础，只有熟练掌握了有关图层和帧的操作，才会使动画创作起来得心应手。本章所讲的知识与技能在 Flash 电影创作中占有大半的比重，所以希望读者能够掌握这些知识，并熟练掌握相关的操作技能。

4.7　思考与练习

1. 简述图层和帧的概念，并回答图层与帧有哪几种类型？
2. 如何创建和编辑图层？
3. 遮罩层在动画中的作用是什么？如何运用遮罩层？
4. 如何快速的插入关键帧？关键帧在动画中起什么作用？
5. 在时间轴面板上添加几个图层，然后分别对其命名，在对这些图层进行添加运动引导层，遮罩层等操作，使最后结果如图 4-13 所示。

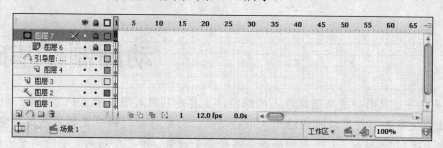

图 4-13　图层操作

6. 创建一个如图 4-14 所示图层，并将从图层 3 到图层 6 上的所有层的内容复制并粘贴到图层 1 的第 40 帧位置上，结果如图 4-15 所示。

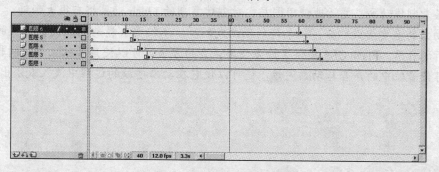

图 4-14　复制前的图层

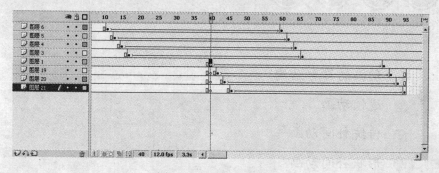

图 4-15　复制后的图层

第 **5** 章

动画制作基础

Flash 动画是将一组画面快速地呈现在人的眼前，主要是利用人眼视觉上的"残留"特性，给人的视觉造成连续变化效果。它是以时间轴为基础的动画，由先后排列的一系列帧组成。实验证明，当动画画面刷新率达到 24 帧时，人眼看到的就是连续画面效果。帧是在动画最小时间里出现的画面。帧的多少与动画播放的时间有关系，这就是帧率。

Flash 动画可以分为两类。一种是逐帧动画，另外一种是过渡动画。过渡动画又分为位移过渡动画和形变过渡动画。Flash CS5 除了动画制作方法之外，还为用户提供了更有效的制作动画的手段，这就是使用图层来制作动画。灵活地使用图层，对创建复杂的 Flash 动画将有很大帮助。

声音也是动画的重要组成部分，一个好的动画或网页，不仅要有精彩的画面，强大的功能，而且还有优美动听的音乐。Flash CS5 提供了许多使用声音的方法，可以使声音独立于时间轴窗口之外连续播放，也可使音轨中的声音与动画同步，还可以使它在动画播放的过程中淡入或淡出。

- ◎ 动画的舞台结构
- ◎ 逐帧动画
- ◎ 传统补间动画
- ◎ 形状补间动画
- ◎ 补间动画
- ◎ 遮罩动画
- ◎ 反向运动

5.1 动画的舞台结构

📖 5.1.1 时间轴窗口

Flash CS5 的时间轴窗口默认位于舞台下方，用户可以使用鼠标拖动它，改变它在窗口中的位置。时间轴窗口是用来进行动画创作和编辑的主要工具。按照功能不同，可将时间轴分为两大部分：层控制区和时间控制区，如图 5-1 所示。

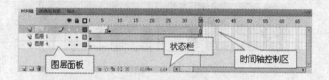

图 5-1 时间轴窗口

1. 时间轴标尺

时间轴标尺由帧标记和帧编号两部分组成。在默认情况下，帧编号居中显示在两个帧标记之间，多数帧的编号与它们所表示的帧居左对齐。帧标记就是标尺上的小垂直线，每一个刻度代表一帧，每 5 帧显示一个帧编号。

2. 播放头

播放头主要有两个作用，一是浏览动画，二是选择需要处理的帧。当用户拖动时间轴上面的播放头时，可以浏览动画，随着播放头位置的变化，动画则会根据播放头的拖动方向向前或向后播放。

3. 状态栏

时间轴上的状态栏显示了当前帧、帧率和播放时间 3 条信息。当前帧显示舞台上当前可见帧的编号，也就是播放头当前的位置。帧率显示了当前动画每秒钟播放的帧数，用户可以双击帧率，在打开的"文档属性"对话框中重新设置每秒钟播放的帧数。播放时间显示的是第 1 帧与当前帧之间播放的时间间隔。

4. 帧浏览选项

帧浏览选项的图标位于时间轴的右上角，当用户单击该图标按钮时，会弹出一个下拉菜单，该菜单中各个命令的功能如下：

- "很小"：当用户选择该项时，可以使时间轴中帧间隔距离最小，如图 5-2 所示。

图 5-2 将帧的间隔设置为很小时的效果

- "小"：当选择该项命令，可以使时间轴中帧的间隔距离比较小。

- "标准"：它是系统默认的选项命令，当选择该项时，可以使时间轴中帧的间隔距离正常显示。
- "中等"：当选择该项命令时，可以使时间轴中帧的间隔距离比较大。
- "大"：当选择该项命令时，可以使时间轴中帧的间隔距离最大。
- "较短"：这是跟时间轴中帧高度有关系的菜单命令，当选择了该项，可以改变帧的高度。
- "彩色显示帧"：该菜单命令是系统默认的选项命令，用于设置帧各部分的颜色。
- "预览"：Flash 将图形放大或缩小放置在框中，如图 5-3 所示。

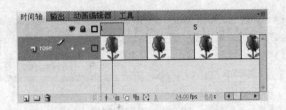

图 5-3　选择"预览"命令的效果图

- "关联预览"：当选择了该项命令，则会以按钮元件放大或缩小的比例为标准，显示它们相对整个动画的大小。

5．动画的播放速度

- 与播放电影一样，Flash 动画要求设定每秒的播放帧数。如图 5-4 所示，可通过修改"文档属性"中的"帧频"选项对帧率进行修改，设置播放动画的帧率。

图 5-4　"文档属性"对话框

📖5.1.2　时间轴按钮

　　时间轴的底部就是时间轴控制区，它是用来控制当前帧、动画播放速度、时间等。时间轴控制区中各个工具按钮的功能如下：

　　1．帧居中

　　当单击帧居中 ⁑ 按钮时，播放头的当前帧在时间轴上居中显示，将当前帧显示到时间轴窗口的正中间。

　　2．显示多帧

　　在时间轴上选择一个连续的区域，将该区域中包含的帧全部显示在窗口中，这就是洋葱皮技术。Flash CS5 的洋葱皮技术允许同时浏览并编辑多个帧。

单击时间轴上显示多帧 图标按钮，在播放头的两侧出现洋葱皮标记，它包括了多个连续的帧，系统默认的是 5 帧，可以拖曳改变这些连续帧的数目，当前帧是唯一可以编辑的帧，在舞台上突出显示。洋葱皮标记的帧是不可编辑的帧。

3．显示多帧外框

对于连续的帧可以从两个方面来考虑，一是关注帧的外观，二是关注帧的轮廓。单击时间轴上的绘图纸外观轮廓 图标按钮，它能够突出帧的前后内容。只有当前帧显示外观，而其他帧仅仅显示轮廓。

4．编辑多帧

在 般情况下，使用显示多帧或显示多帧外框图标按钮后，只有当前帧的内容是可以编辑的，如果需要对多个帧进行移动、复制等操作，则可以选择 图标按钮，这样对所选择的帧就可以进行操作了。

5．修改洋葱皮标记

单击 按钮时，会打开一个下拉菜单。该菜单中各命令功能如下：

- "总是显示标记"：切换洋葱皮标记的显示、隐藏状态。
- "锚定绘图纸"：锁定洋葱皮标记，使这些标记保持静止而不会随着播放头的移动而移动。
- "绘图纸 2"：这个命令与确定洋葱皮控制范围有关，它表示在当前帧的前后 2 帧处于洋葱皮技术的控制范围。
- "绘图纸 5"：它表示在当前帧的前后 5 帧处于洋葱皮技术的控制范围。
- "绘制全部"：它表示在当前场景中所有帧都处于洋葱皮技术的控制范围。

5.1.3　管理场景

在 Flash 电影中，演出的舞台只有一个，但是在演出的过程中，可以更换不同的场景。所有的场景都具有相同的时间轴，使用场景可将电影的时间轴划分为几个帧部分。

1．场景的添加与切换

如果需要在舞台中添加场景，选择"插入"/"场景"命令。增加场景后，舞台和时间轴都会更换成新的，可以创建另一场电影，在舞台的左上角会显示出当前场景的名称。

选择"窗口"/"其他面板"/"场景"命令，则会调出"场景"面板，如图 5-5 所示。在场景列表框中显示了当前电影中所有的场景名称。在"场景"面板右下角有 3 个按钮，从左到右它们分别是"复制场景"、"添加场景"和"删除场景"按钮。单击添加场景按钮 时，会在面板的场景列表框突出显示，默认的名称是"场景*"，同时在舞台中也会跳转到该场景，舞台和时间轴都会更换成新的。

单击舞台上右上角的 图标按钮，则会弹出一个场景下拉菜单。单击该菜单中的场景名称，可以切换到相应的场景中。

图 5-5　"场景"面板

另外，选择"视图"/"转到"菜单命令，会弹出一个子菜单。利用该菜单，也可以完成场景的切换。该子菜单中各个菜单命令的功能如下：

- "第一个"：切换到第一个场景。
- "前一个"：切换到上一个场景。

- "下一个"：切换到下一个场景。
- "最后一个"：切换到最后一个场景。
- "场景*"：切换到第*个场景。*是场景的序号。

2．场景的命名

如果需要给场景命名，可以在场景面板中双击需要命名的场景名称，然后输入新名称。尽管可以使用任何字符来给场景命名，但是最好使用有意义的名称来命名场景，而不仅仅使用数字区别不同的场景。

当在该面板的场景列表框中拖动场景的名称时，可以改变场景的顺序，该顺序将影响到电影的播放。

3．场景的删除及复制

01 在"场景"面板中选择一个需要删除的场景。

02 单击"场景"面板右下方的删除按钮。

如果需要复制场景，，请执行如下操作：

01 在"场景"面板中选择一个需要复制的场景。

02 单击"场景"面板右下方的直接复制场景按钮 。

复制场景后，新场景的默认名称是"所选择场景的名称+复制"，可以对该场景进行重命名、移动和删除等操作。复制的场景可以说是所选择场景的一个副本，所选择场景中的帧、层和动画等都得到复制，并形成一个新场景。复制场景主要用于编辑某些类似的场景。

5.1.4 坐标系统

在 Flash 的舞台上，坐标是这样的。左上角是(0，0)，然后从左往右，横坐标依次增大；从上往下，纵坐标依次增大。而对于元件来说，坐标原点位于元件的中心，向右横坐标增大，向左横坐标减小，向上纵坐标减小，向下纵坐标增大。

5.2 逐帧动画

逐帧动画是一种最基础的动画制作方法，它往往需要很多关键帧，在制作时，需要对每一帧动画的内容进行具体的绘制。如果关键帧比较少，而它们的间隔又比较大时，则播放效果类似于幻灯片的放映。利用这种方法制作动画，工作量非常大，如果要制作的动画比较长，那就需要投入相当大的精力和时间。不过这种方法制作出来的动画效果非常好，因为是对每一帧都进行绘制，所以动画变化的过程非常准确、真实。

下面以一个实例来说明如何制作逐帧动画。这个实例是模仿写字的过程，文字在舞台逐渐一笔一笔出现在舞台上。具体步骤如下：

01 新建一个 Flash 文档。

02 选择"修改"/"文档"命令，调出"文档属性"对话框，将舞台工作区设置为宽 300px，高为 260px，其余选项不进行设置。

03 为了使绘制的图形定位更加准确，可以在舞台的工作区中加入网格。如果需要使网格线更加细密，可以选择"查看"/"网格"/"编辑网格"命令，则会弹出"网格"

对话框。在两个文本框中输入 8，表示网格的宽度和高度都是 8px，然后选中"显示网格"复选框。

04 单击绘图工具箱中的文本工具，在属性设置面板中设置字体为隶书、字号为180。然后在舞台上输入"帧"字。

05 选中文字，然后选择"修改"/"分离"命令，将文字打散。选择"窗口"/"混色器"命令，调出"混色器"面板，在该面板中设置使用线性渐变的填充方式，并设置线性渐变是由红色到蓝色渐变。填充后的的文本效果如图 5-6 所示。

06 在时间轴窗口中的第 30 帧处右击鼠标，从弹出的快捷菜单中选择"插入关键帧"命令，将第 30 帧设置为关键帧。

图 5-6　输入文字并设置填充样式

07 选择第 2 帧到第 29 帧，然后右击鼠标，从弹出的快捷菜单中选择"转换为关键帧"命令，将第 2 帧到第 29 帧都转化为关键帧。

08 在时间轴窗口选择第 2 帧，此时的文字没有使用线性渐变填充，单击绘图工具箱中的油漆桶工具，然后在舞台中单击文字，使之变为线性填充的文字。

09 通过同样的方法将所有关键帧对应的文字都使用线性渐变填充样式。

10 在时间轴中选择第 30 帧，然后单击绘图工具箱中的橡皮工具，将"帧"字，按照写字的先后顺序，从最后一笔反向擦掉一部分，如图 5-7 所示。

11 在时间轴中选择第 29 帧，然后单击绘图工具箱中的橡皮工具，进一步反向擦出一部分笔画，如图 5-8 所示。为了使擦出部分更加准确，可以起用洋葱皮技术。

图 5-7　擦除笔画

图 5-8　继续擦除

12 通过同样的方法完成将"帧"字在第 10 帧时刚好完全擦除掉。

注意： 在笔画的交叉处，擦出其中一个笔画时不要破坏另一个笔画的完整性。

13 将第 4 帧到第 10 帧对应的文字全部擦除掉，此时这些关键帧就变成了空白关键帧。剩下的 3 帧不进行擦除。

14 操作完成后，可以选择"控制"/"测试影片"命令，就可以看到"帧"字出现在舞台上，然后消失，再从无到有使用线性渐变的方式被一笔一笔写出来。

通过该实例，相信读者已经了解使用 Flash CS5 制作逐帧动画的方法。其实利用逐帧动画的制作方法还可以制作出很多特殊效果的动画。

5.3 传统补间动画

传统补间动画是利用运动渐变的方法而制作的动画。利用渐变的方法可以处理舞台中经过群组后的各种矢量图形、文字和导入的素材等。使用这种方法，可以设置对象在位置、大小、倾斜、颜色以及透明度等方面的渐变效果。还可以将运动过程与任意曲线组成的路径结合起来，这就是 Web 网页上看到的各种 Flash 动画效果。结合起来使用这种方法必须注意的是，一定要将舞台中各种对象转换成元件或群组对象，否则不能达到运动效果。

在制作运动动画时，当创建了运动动画后，选择关键帧，并选择"窗口"/"属性"命令，会打开属性设置面板。该面板中有关运动属性设置的意义及功能如下：

- "缓动"：设置对象在动画过程中的变化速度。范围是-100～100。其中-100 表示变化先快后慢；0 表示匀速变化；100 表示变化先慢后快。
- "旋转"：设置旋转类型及方向。该下拉列表框包括 4 个选项。其中"无"表示在动画过程中不进行旋转；"自动"表示使用舞台中设置的方式进行旋转变化；"顺时针"表示设置对象的旋转方向为顺时针；"逆时针"表示设置对象的旋转方向为逆时针。
- "调整到路径"：当选择了该项，对象在路径变化动画中可以沿着路径的曲度变化改变方向。
- "同步"：如果对象中有一个对象是包含动画效果的图形元件，选择该项时可以使图形元件的动画播放与舞台中的动画播放同步进行。
- "贴紧"：选择该项时，如果有联接的引导层，可以将动画对象吸附在引导路径上。
- "缩放"：当选择了该复选框，表示允许在动画过程中改变对象的比例，否则禁止比例变化。

下面通过一个实例来介绍传统补间动画的制作方法。其具体的操作步骤如下：

01 新建一个 Flash 文档。

02 选择"修改"/"文档"命令，调出"文档属性"对话框，将舞台工作区设置为宽 900px，高为 260px，其余选项不进行设置。

03 单击选择绘图工具箱中的椭圆工具，在舞台上绘制一个立体球，该球采用辐射渐变方式填充，如图 5-9 所示。

04 使用选择工具选中整个球，然后选择"插入"/"转换为元件"命令，将球转化为一个名称为"ball"的图形元件。

05 单击绘图工具箱中的椭圆工具，在属性设置面板中设置矩形的轮廓线为没有、填充颜色为灰色，然后在舞台中绘制一个椭圆。为球绘制出阴影。

06 选中阴影对象，然后选择"修改"/"排列"/"移至顶层"命令。在舞台上的反映是：阴影在球的下方，而且，两者是分层的。

07 选中灰色椭圆，选择"修改"/"形状"/"柔化填充边缘"命令，调出"柔化填充边缘"对话框，在该对话框中进行柔化设置。设置完成后，单击"确定"按钮，进行确认并关闭该对话框。即可柔化灰色椭圆，效果如图 5-10 所示。

08 选中球和阴影，然后选择"修改"/"组合"命令，将球和阴影组成一个群体。

09 单击选择时间轴窗口的第 48 帧，然后选择"插入"/"插入关键帧"命令，此时第 1 帧和第 48 帧都变成了关键帧，第 2 帧到第 47 帧都变成了普通帧。

10 选中时间轴窗口的第 1 帧，单击鼠标右键，在弹出的上下文菜单中选择"创建传统补间"命令，并将球及阴影拖曳到舞台的左下角。

11 单击选择时间轴中的第 48 帧，然后将球及阴影拖曳到舞台的右上角。

操作完成后，可以观察传统补间动画的效果：球及阴影从左下角向右上角进行移动，并且保持匀速运动。单击时间轴窗口中的"显示多帧"图标按钮，然后再单击修改洋葱皮标记图标按钮，从打开的下拉菜单中选择"绘制全部"命令，就可以看到所有帧运动轨迹，如图 5-11 所示。

图 5-9　绘制球　　　　图 5-10　球和阴影　　　图 5-11　所有帧的运动轨迹物体的转动

对象的转动也是传统补间动画的一种，巧妙地使用它，往往会产生意想不到的效果。下面通过一个实例来介绍它的制作方法。其具体的操作步骤如下：

01 新建一个 Flash 文档。

02 选择"文件"/"导入"命令，导入一幅图像到舞台中，如图 5-12 所示。

03 右击时间轴第 30 帧处，从弹出的快捷菜单中选择"插入关键帧"命令。

04 选择时间轴第 1 帧，单击鼠标右键，从弹出的上下文菜单中选择"创建传统补间"命令。此时，如果选择"窗口"/"库"命令，调出库面板，可以看到库面板中又出现了一个元件，默认名称为"补间 1"。这是因为传统补间运动只对元件、群组和文本框有效，因此在创建运动动画后，Flash CS5 自动将其他类型的内容转变为元件，并以"补间＋数字"形式命名元件。

05 保持选中时间轴第 1 帧的选中状态，选择舞台上的元件实例，单击绘图工具箱中的变形工具，此时图片的四周出现调整手柄，通过调整手柄使图像缩小，再进行旋转和倾斜，如图 5-13 所示。

06 选择舞台上的元件实例，打开属性设置面板中"色彩效果"区域的"色"下拉列表框，选择"Alpha"选项，然后在后面的文本框中输入 0%。这样舞台中的元件实例就消失了。

07 单击选择时间轴窗口的第 1 帧，打开属性面板中"旋转"下拉列表框，选择"顺时针"选项，表示顺时针旋转，然后在后面文本框中输入 3，表示旋转 3 次。

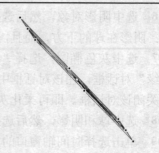

图 5-12　导入图像　　　　　　　　　　　图 5-13　缩小、旋转和倾斜图片

08 单击第 30 帧，选择舞台上的元件实例，在属性设置面板中的"颜色"下拉列表框中选择"色调"，然后在打开后面的颜色选择器选择一种颜色，或直接在 R、G、B 文本框中输入数值。这样第 30 帧对应的对象就被染色，使动画的效果更加精彩。

操作完成后，可以观察位移动画的效果：图像从无到有开始旋转，并逐渐放大，同时还被染色。选择时间轴第 15 帧时，可以看到图像在舞台上的效果如图 5-14 所示。

图 5-14　图像在第 15 帧的状态

5.4　形状补间动画

在上一节中介绍了传统补间动画，在传统补间动画中的所有对象必须转变成元件或群组。形状补间动画则不同，它处理的对象只能是矢量图形，群组对象和元件都不能直接进行形变动画。形变动画描述了一段时间内将一个对象变成另一个对象的过程。在形变动画中可以改变对象的形状、颜色、大小、透明度以及位置等。

形变动画简单地说就是形状发生变化的动画。在形变动画中，可以存在多个矢量图形，但在变形过程中它们被作为一个整体。下面通过一个实例来介绍它的制作方法。

01 新建一个 Flash 文档。

02 选择"修改"/"文档"命令，将舞台工作区设置为宽 900px，高为 250px。

03 单击绘图工具箱中的椭圆工具，按住 Shift 在舞台中绘制一个正圆，并通过"混色器"面板，设置该正圆的填充色块是由红到黑的辐射渐变方式，如图 5-15 所示。

04 选中时间轴窗口的第 1 帧，单击鼠标右键，在弹出的上下文菜单中选择"创建补间形状"命令，然后将正圆拖曳到舞台的左下角。

05 在时间轴窗口第 20 帧右击鼠标，从弹出的快捷菜单中选择"插入关键帧"命令，此时第 1 帧和第 20 帧都变成了关键帧，第 2 帧到第 19 帧都变成了普通帧。并且在第 1 帧到第 20 帧之间创建了形状补间动画。时间轴窗口显示如图 5-16 所示。

06 单击第 20 帧，选择绘图工具箱中的矩形工具，在舞台的正中间绘制一个矩形，仍然使用辐射渐变的填充方式。然后将舞台中的正圆删除掉。

07 在第 40 帧右击鼠标，从弹出的快捷菜单中选择"插入关键帧"命令，此时，在第 20 帧～第 40 帧之间创建了形状补间动画。

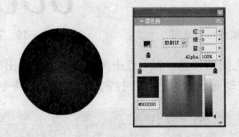

图 5-15　绘制正圆

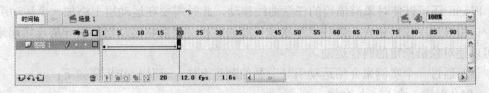

图 5-16　设置变形关键帧

08 单击第 40 帧，选择绘图工具箱中的椭圆工具，在舞台的右上角绘制一个椭圆，仍然使用辐射渐变的填充方式。然后将舞台中的正圆删除掉。

操作完成后，可以观察形状补间动画的效果：正圆从舞台的左下角向舞台的中央移动，在移动的过程中变成了矩形，矩形再向舞台的右上角进行移动，在移动的过程中变成了椭圆。该实例制作的正圆变为矩形然后再变为椭圆的变形动画中的几个画面如图 5-17 所示。

图 5-17　形状补间动画示例

利用形状补间动画还可以设计颜色与图形的渐变动画，下面以一个简单实例进行说明。

01 打开一个新的 Flash CS5 文档。用椭圆绘制工具在界面的中心绘制一个椭圆，选择"颜料桶"工具，在"混色器"面板中选择"放射状"选项，调整右边的 R 值为 66、G 值为 200、B 值为 55、Alpha 值为 55%。效果如图 5-18 所示。

02 用鼠标单击第 20 帧，在该帧的位置按 F6 添加关键帧。选择该帧，用点选工具选择该帧的所有内容，全部删除。

03 选择文本工具，设置字体属性为宋体、大小为 72 号字、采用粗体和斜体，输入字符串"Good!"。

04 选择"修改"/"分离"命令将其打散，选择"颜料桶"工具，在"混色器"面板中选择"放射状"选项，调整右边的 R 值为 99、G 值为 11、B 值为 88、Alpha 值为 100%。效果如图 5-19 所示。

Good!

图 5-18　第 1 帧圆形效果图　　　　　　　　图 5-19　第 20 帧效果图

05 选中 1～20 帧之间的任意一帧，点击鼠标右键，在弹出的上下文菜单中选择"创建补间形状"命令。完成动画设定。选择"控制"/"播放"命令观看播放效果。

5.5　路径动画

Flash 还可以使对象沿描绘的任意曲线移动，此时需要在运动层上添加一个运动引导层，该引导层中仅仅包含一条任意形状、长度的路径。最后将运动层和引导层连接起来，就可以使对象沿指定的路径运动。

下面通过一个实例来介绍运动引导动画的制作方法。具体操作步骤如下：

01 新建一个 Flash 文档。

02 选择"修改"/"文档"命令，将舞台工作区设置为宽 900px，高为 260px。

03 选择"插入"/"新建元件"命令，新建一个名为 butterfly 的图形元件。

04 选择"文件"/"导入"命令，导入一幅 GIF 动画，并调整好它们的位置。

05 单击元件编辑窗口左上角的场景名称，返回到场景编辑舞台。

06 选择"窗口"/"库"命令，调出库面板，将 butterfly 实例拖曳到舞台中。

07 按照 5.3 节中介绍的方法，创建 butterfly 实例沿直线运动的动画。

08 在图层 1 上单击鼠标右键，从弹出的上下文菜单中选择"添加传统运动引导层"命令，添加一个运动引导层。

09 单击引导层的第 1 帧，使用铅笔工具在舞台上绘制一条曲线，该曲线将作为运动动画的轨迹。

10 单击运动层的第 1 帧，将 butterfly 实例拖曳到曲线的一端，并使 butterfly 实例的中心与曲线的一端对齐，如图 5-20 所示。

11 单击选择时间轴窗口运动层的第 30 帧，将 butterfly 实例拖曳到曲线的另一端，并使 butterfly 实例的中心与曲线的另一端对齐。

操作完成后，可以观察位移动画的效果：蝴蝶从曲线的起点开始向曲线的终点进行移动，并且保持匀速运动。选择时间轴第 15 帧，可以看到蝴蝶在舞台上的位置如图 5-21 所示。可以单击运动引导层上面的"显示/隐藏所有图层"图标按钮，来控制移动路径的显示/隐藏。

图 5-20　移动 butterfly 实例的中心　　　　　图 5-21　蝴蝶在第 15 帧的状态

5.6 遮罩动画

遮罩效果用在探照灯和滚动字幕等效果中，只在某个特定的位置显示出图像来，而其他部位不显示，起遮罩作用的图层被称为遮罩层。

遮罩层跟其他层一样可以在帧里绘图，但是只是在有图形的位置才有遮罩效果，没有图像的部位什么也没有，但遮罩层里的图像不会显示，只起遮罩作用。

下面通过两个实例来介绍遮罩动画的制作方法。

5.6.1 划变效果

01 打开一个新的 Flash 文档，选择文本输入工具，输入文本为"你好"，可以根据自己的喜好设定合适的字体和颜色。

02 选择"插入"/"图层"命令添加一个新的图层，在新的图层内用文本输入工具，在界面上输入"Hello"，重合效果如图 5-22 所示。

03 选择"插入"/"图层"命令增加两个新的图层。

04 选择"图层 3"的第 1 帧，用绘图工具绘制一个如图 5-23 所示的图形，要求完全覆盖下面的文字。

05 选择"图层 4"的第 1 帧，用绘图工具绘制一个如图 5-24 所示的图形，与"图层 3"图层内的图形刚好构成一个长方形。

06 选择"图层 3"图层中的第 1 帧，选择"插入"/"转换为元件"命令，将该帧内容转换为图形元件"元件 1"。

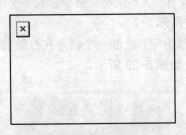

图 5-22　文本组合效果图

图 5-23　"图层 3"中的遮罩

07 选择"图层 4"图层中的第 1 帧，选择"插入"/"转换为元件"命令，将该帧内容转换为图形元件"元件 2"。

08 调整"图层 2"层和"图层 3"图层的位置，使其调换位置。

09 选择"图层 3"层的第 25 帧，按 F6 键，使其成为关键帧。

10 分别选择"图层 1"和"图层 2"的第 25 帧，按 F5 键增加静止帧。

11 调整"图层 3"第 25 帧中元件 2 的位置。使其位于字符的下方，如图 5-25 所示。

12 调整"图层 4"层第 25 帧中"元件 1"元件的位置。使其于"图层 3"层中的元件相吻合，如图 5-26 所示。

13 选中"图层 3"上 1～25 帧中的任意一帧，单击鼠标右键，在弹出的上下文菜单中选择"创建传统补间"命令。同样的方法，在"图层 4"上创建传统补间动画。

14 用右键单击"图层 3",在弹出的菜单中选择"遮罩层"选项,设置该层为遮罩层。同样,对"图层 4"也执行该操作。

15 选择"控制"/"播放"观看动画效果。动画效果如图 5-27 所示。

图 5-24　遮罩的组合

图 5-25　元件移动位置

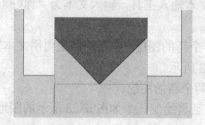

图 5-26　另一个元件的移动位置

图 5-27　动画效果图

📖 5.6.2　百叶窗效果

01 打开一个新的 Flash CS5 文件,选择"文件"/"导入"命令导入一个图像,用"修改"/"分离"命令将其打散,效果如图 5-28 所示。

02 选择椭圆工具,设置椭圆工具绘制的内部为空,绘制一个圆形在打散的图形上,选择点选工具,选中圆形的边框和边框外的部分,如图 5-29 所示。

图 5-28　打散的效果图

图 5-29　选择的效果图

03 选择"编辑"/"清除"命令,清除多余的部分。效果如图 5-30 所示。

04 选择"插入"/"图层"增加一个新的图层,在该图层内选择"文件"/"导入"导入一个图像,用"修改"/"分离"命令将其打散,效果如图 5-31 所示。

05 选择椭圆工具,设置椭圆工具绘制的内部为空,绘制一个圆形在打散的图形上,注意,该圆形要和绘制在另一层的圆形大小相等。

06 选择点选工具，选中圆形的边框和边框外的部分。选择"编辑"/"清除"命令，清除多余的部分。效果如图 5-32 所示。

图 5-30　百叶窗的一面

图 5-31　图形打散的效果图

07 选择"插入"/"图层"命令增加一个新的图层，用矩形工具在该图层绘制一个矩形，刚好遮住圆形的下部分，效果如图 5-33 所示。

图 5-32　百叶窗的另一面

图 5-33　增加百叶窗页的效果图

08 选中该矩形，选择"插入"/"转换为元件"命令，将该矩形转换成一个图形元件。

09 选择"插入"/"新建元件"命令创建一个新的图形元件。

10 在"库"窗口中把"元件 1"拖放到"元件 2"的编辑窗口中。

11 选择第 15 帧，按 F6 键增加关键帧，选择"修改"/"变形"/"任意变形"命令，将矩形拉成一条横线，效果如图 5-34 所示。

图 5-34　百叶窗页的变形效果

12 在 25、40 帧处按 F6 键增加关键帧，并把第 1 帧的内容复制到第 40 帧。分别在第 1～15 之间、25～40 帧之间单击鼠标右键，在弹出的上下文菜单中选择"创建传统补间"命令，设定动画效果。

13 用右键点击"图层 3"，在弹出的菜单中选择"遮罩层"选项。效果如图 5-35 所示。选择"插入"/"图层"命令填加 11 个层。将"图层 2"和"图层 3"中两层的所有帧的内容完全复制，用鼠标右键单击"图层 4"上的第一帧，选择"粘贴帧"命令，并把该层的矩形向上平移。

14 同样，将该操作对后面的图层逐层进行，直到矩形上移已经离开圆形。

15 选择"控制"/"播放"观看动画效果，如图 5-36 所示的为其中某一时刻的效果图。

图 5-35　下页打开的效果图　　　　　　　　　图 5-36　其中某一时刻的动画效果

5.7　补间动画

　　补间动画是在 Flash CS4 中引入的一种全新的动画形式，是通过为一个帧中的对象属性指定一个值并为另一个帧中的相同属性指定另一个值创建的动画。在补间动画中，只有指定的属性关键帧的值存储在 FLA 文件和发布的 SWF 文件中。可以说，补间动画是一种在最大程度上减小文件大小的同时，创建随时间移动和变化的动画的有效方法。

　　可补间的对象类型包括影片剪辑、图形和按钮元件以及文本字段。可补间的对象的属性包括：2D X 和 Y 位置、3D Z 位置（仅限影片剪辑）、2D 旋转（绕 z 轴）、3D X、Y 和 Z 旋转（仅限影片剪辑）、倾斜 X 和 Y、缩放 X 和 Y、颜色效果，以及滤镜属性。

　　在深入了解补间动画的创建方式之前，读者很有必要先掌握补间动画中的几个术语：补间范围、补间对象和属性关键帧。

　　"补间范围"是时间轴中的一组帧，其舞台上的对象的一个或多个属性可以随着时间而改变。补间范围在时间轴中显示为具有蓝色背景的单个图层中的一组帧。在每个补间范围中，只能对舞台上的一个对象进行动画处理。此对象称为补间范围的目标对象。

　　"属性关键帧"是在补间范围中为补间目标对象显式定义一个或多个属性值的帧。如果在单个帧中设置了多个属性，则其中每个属性的属性关键帧都会驻留在该帧中。可以在动画编辑器中查看补间范围的每个属性及其属性关键帧。还可以从补间范围上下文菜单中选择可在时间轴中显示的属性关键帧类型。

　　注意："关键帧"和"属性关键帧"的概念有所不同。"关键帧"是指时间轴中其元件实例首次出现在舞台上的帧。Flash CS5 中新增的单独术语"属性关键帧"则是指在补间动画的特定时间或帧中定义的属性值。

　　下面以一个简单实例来演示补间动画的制作方法。

　　01 新建一个 Flash 文档。执行"文件"/"导入"/"导入到舞台"菜单命令，在舞台中导入一幅位图作为背景，然后在第 30 帧按 F5 键，将帧延长到 30 帧处。

　　02 新建一个图层。执行"文件"/"导入"/"导入到库"命令，导入一幅蝴蝶飞舞的 GIF 图片。此时，在库面板中可以看到导入的 GIF 图片，以及自动生成的一个影片剪辑元件。

03 在新建图层中选中第一帧，并从库面板中将影片剪辑元件拖放到舞台合适的位置。此时的舞台效果如图 5-37 所示。

04 在新建图层的第 30 帧按下 F5 键。

05 选择第 1 帧至第 30 帧之间的任意一帧单击右键，在弹出的上下文菜单中选择"创建补间动画"命令。此时，时间轴上的区域变为了淡蓝色，图层名称左侧显示图标 ，表示该图层为补间图层。如图 5-38 所示。

图 5-37　舞台效果

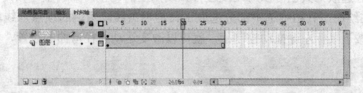

图 5-38　时间轴效果

注意： 无法将运动引导层添加到补间/反向运动图层。

06 在图层 2 的第 10 帧按下 F6 键，增加一个属性关键帧。此时，时间轴上的补间范围中就会自动出现一个黑色菱形标识，表示属性关键帧。

07 将舞台上的实例拖放到合适的位置，并选择自由变形工具，旋转元件实例到合适的角度，如图 5-39 所示。

此时，读者会发现舞台中出现了一条带有很多小点的线段，这条线段显示补间对象在舞台上移动时所经过的路径。运动路径显示从补间范围的第一帧中的位置到新位置的路径，线段上的端点个数代表帧数，例如本例中的线段上一共有 10 个端点，就是代表了时间轴上的 10 帧。如果不是对位置进行补间，则舞台上不显示运动路径。

技巧： 单击属性面板右上角的选项菜单按钮，从中选择"始终显示运动路径"命令，可以在舞台上同时显示所有图层上的所有运动路径。在相互交叉的不同运动路径上设计多个动画时，此显示非常有用。

可以使用部分选取、转换锚点、删除锚点和任意变形等工具以及"修改"菜单上的命令编辑舞台上的运动路径。

08 选择工具面板上的黑色箭头工具，将选取工具移到路径上的端点上时，鼠标指针右下角将出现一条弧线，表示可以调整路径的弯曲度。按下鼠标左键拖动到合适的角度，然后释放鼠标左键即可，如图 5-40 所示。

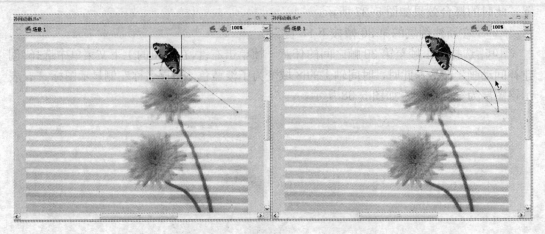

图 5-39　显示运动路径　　　　　　　　　　　图 5-40　调整路径的弯曲度

09 将选取工具移到路径两端的端点上时，鼠标指针右下角将出现两条折线。按下鼠标左键拖动，即可调整路径的起点位置，如图 5-41 所示。

使用部分选取工具也可以对线段进行弧线角度的调整，如调整弯曲角度。

10 在绘图工具箱中选中部分选取工具，单击线段两端的顶点，线段两端就会出现控制手柄，按下鼠标左键拖动控制柄，就可以改变运动路径弯曲的设置，如图 5-42 所示。

图 5-41　调整路径　　　　　　　　　　　　　图 5-42　调整路径的弯曲度

11 在图层 2 的第 20 帧单击鼠标右键，在弹出的上下文菜单中选择"插入关键帧"命令，并在其子菜单中选择一个属性。

12 在舞台上拖动实例到合适的位置，并使用自由变形工具调整实例的角度。

13 在图层 2 的第 20 帧处单击鼠标右键，在弹出的上下文菜单中选择"插入关键帧"命令，并在其子菜单中选择一个属性，例如，缩放。然后使用自由变形工具调整实例的大小。

14 单击图层 2 的第 25 帧，然后在舞台上拖动实例到另一个位置。此时，时间轴上的第 25 帧处会自动增加一个关键帧。在图层 2 的第 25 帧单击鼠标右键，在弹出的上下文菜单中选择"插入关键帧"命令，并在其子菜单中选择"缩放"命令。然后使用自由变形工具调整实例的大小。执行"插入关键帧"／"旋转"命令，在第25帧新增一个属性关键帧，然后使用自由变形工具调整实例的旋转角度。

15 保存文档，按 Enter 键测试动画效果。可以看到蝴蝶实例将沿路径运动。此时，如果在时间轴中拖动补间范围的任一端，可以缩短或延长补间范围。

补间图层中的补间范围只能包含一个元件实例。将第二个元件实例添加到补间范围将会替换补间中的原始元件。还可从补间图层删除元件，而不必删除或断开补间。这样，以后可以将其他元件实例添加到补间中。

如果要将其他补间添加到现有的补间图层，可执行以下操作之 ：

- 将一个空白关键帧添加到图层，将各项添加到该关键帧，然后补间一个或多个项。
- 在其它图层上创建补间，然后将范围拖到所需的图层。
- 将静态帧从其它图层拖到补间图层，然后将补间添加到静态帧中的对象。
- 在补间图层上插入一个空白关键帧，然后通过从库面板中拖动对象或从剪贴板粘贴对象，向空白关键帧中添加对象。随后即可将补间添加到此对象。

如果要一次创建多个补间，可将多个可补间对象放在多个图层上，并选择所有图层，然后执行"插入"／"补间动画"命令。

5.7.1 使用属性面板编辑属性值

创建补间动画之后，可以使用属性检查器编辑当前帧中补间的任何属性的值。操作步骤如下：

01 将播放头放在补间范围中要指定属性值的帧中，然后单击舞台上要修改属性的补间实例。

在补间范围中单击需要的帧，将选中整个补间范围。若要在补间动画范围中选择单个帧，必须按住 Ctrl 键单击帧。

02 打开补间实例的属性面板，设置实例的非位置属性（例如，缩放、Alpha 透明度和倾斜等）的值。

03 修改完成之后，拖拽时间轴中的播放头，在舞台上查看补间。

此外，读者还可以在属性面板上设置动画的缓动。通过对补间动画应用缓动，可以轻松地创建复杂动画，而无需创建复杂的运动路径。例如，自然界中的自由落体、行驶的汽车。

04 在时间轴上或舞台上的运动路径中选择需要设置缓动的补间，然后切换到如图 5-43 所示的属性面板。

图 5-43　补间动画的属性面板

05 在"缓动"文本框中键入需要的强度值。如果为负值，则运动越来越快；如果为正值，则运动越来越慢。

在属性检查器中应用的缓动将影响补间中包括的所有属性。在动画编辑器中应用的缓动可以影响补间的单个属性、一组属性或所有属性。

06 在"路径"区域修改运动路径在舞台上的位置。

编辑运动路径最简单的方法是在补间范围的任何帧中移动补间的目标实例。在属性面板中设置 X 和 Y 值，也可以移动路径的位置。

注意：若要通过指定运动路径的位置来移动补间目标实例和运动路径，则应同时选择这两者，然后在属性面板中输入 X 和 Y 位置。若要移动没有运动路径的补间对象，则选择该对象，然后在属性面板中输入 X 和 Y 值。

07 在"旋转"区域设置补间的目标实例的旋转方式。选中"调整到路径"选项，可以使目标实例相对于路径的方向保持不变进行旋转。

📖5.7.2 使用动画编辑器补间属性

也可以使用动画编辑器补间整个补间的属性。创建补间动画之后，选择时间轴中的补间范围或者舞台上的补间对象或运动路径后，动画编辑器即会显示该补间的属性曲线，如图 5-44 所示。

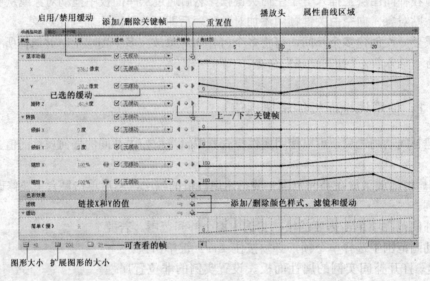

图 5-44 动画编辑器面板

动画编辑器是自 Flash CS4 引入的功能面板。使用该面板可以查看所有补间属性及其属性关键帧，可以对关键帧属性进行全面、细致的控制，添加、删除、移动属性关键帧，使用贝赛尔控件调整补间曲线，自定义缓动曲线，对 X、Y 和 Z 属性的各个属性关键帧启用浮动，等等。

在动画编辑器中，"基本动画"属性 X、Y 和 Z 与其他属性不同，这 3 个属性联系在一起。如果补间范围中的某个帧是这三个属性之一的属性关键帧，则其必须是所有这 3 个属性的属性关键帧。

动画编辑器使用每个属性的二维图形表示已补间的属性值。对应的属性曲线显示在动画编辑器右侧的网格上。曲线的水平方向表示时间（从左到右），垂直方向表示对属性值的更改。特定属性的每个属性关键帧将显示为该属性的属性曲线上的控制点。如果向一条属性曲线应用了缓动曲线，则另一条曲线会在属性曲线区域中显示为虚线。该虚线显示缓动对属性值的影响。

在动画编辑器中，通过添加属性关键帧并使用标准贝赛尔控件处理曲线，可以精确控制补间的每条属性曲线的形状。读者要注意的是，不能使用贝塞尔控件编辑 X、Y 和 Z 属性曲线上的控制点，通常通过编辑舞台上的运动路径来编辑补间的 X、Y 和 Z 属性。

使用标准贝塞尔控件编辑每个图形的曲线与使用选取工具或钢笔工具编辑笔触的方式类似。向上移动曲线段或控制点可增加属性值，向下移动可减小值。在更改某一属性曲线的控制点后，更改将立即显示在舞台上。

- 若要向属性曲线添加属性关键帧，请将播放头放在所需的帧中，然后在动画编辑器中单击属性的"添加或删除关键帧"按钮。
- 若要从属性曲线中删除某个属性关键帧，则按住 Ctrl 键，然后选择"删除关键帧"。

属性曲线的控制点可以是平滑点或转角点。属性曲线在经过转角点时会形成夹角，在经过平滑点时会形成平滑曲线。若要将点设置为平滑点模式，可以右键单击控制点，然后在弹出的上下文菜单中选择"平滑点"、"平滑右"或"平滑左"。若要将点设置为转角点模式，则选择"角点"，如图 5-45 所示。

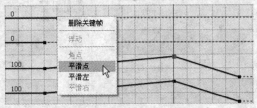

图 5-45 设置控制点模式

若要在转角点模式与平滑点模式之间切换控制点，按住 Alt 键的同时单击控制点。

单击"关键帧"类别列中的"添加"按扭，并从弹出的快捷菜单中选择要添加的项，可以向补间添加新的色彩效果或滤镜或缓动。新添加的项将会立即出现在动画编辑器中。

若要将属性关键帧移动到不同的帧，可以在控制点上按下鼠标左键，然后拖动到另外的帧上，如图 5-46 所示。

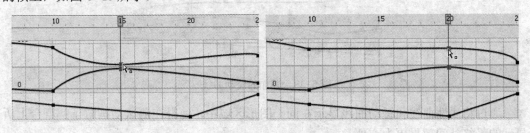

图 5-46 移动属性关键帧

在移动属性关键帧时，不能移到其前或其后的关键帧上。例如在上图中，不能将第 15 帧的关键帧移到第 10 帧之前，或 25 帧之后。

若要链接关联的 X 和 Y 属性对，则在要链接的属性右侧单击"链接 X 和 Y 属性值"按钮。属性经过链接后，其值将受到约束，为任一链接属性输入值时能同时调整另一属性值，并保持它们之间的比率不变。

缓动是用于修改 Flash 计算补间中属性关键帧之间的属性值的方法的一种技术。如果不使用缓动，Flash 在计算这些值时，会使对值的更改在每一帧中都一样。如果使用缓动，则可以调整对每个值的更改程度，从而实现更自然、更复杂的动画，而无需创建复杂的运动路径。缓动可以简单，也可以复杂。Flash 包含一系列的预设缓动，适用于简单或复杂的效果，如图 5-47 所示。

在动画编辑器中可以对单个属性或一类属性应用预设缓动。其一般操作步骤如下：

01 单击动画编辑器的"缓动"部分中的"添加"按扭，在弹出菜单中选择需要的缓动。

02 在要添加缓动的单个属性右侧单击"已选的缓动"，在弹出的下拉菜单中选择需要的缓动方式。

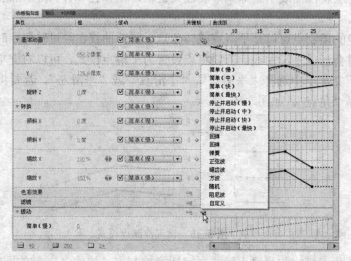

图 5-47　Flash 的预设缓动

在向属性曲线应用缓动曲线时，属性曲线图形区域中将显示一个叠加到该属性的图形区域的绿色虚线曲线。该虚线曲线即为添加的缓动曲线，如图 5-48 所示。

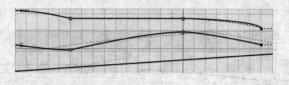

图 5-48　添加的缓动曲线

通过将属性曲线和缓动曲线显示在同一图形区域中，使得在测试动画时了解舞台上所显示的最终补间效果更为方便。

03 如果要向整个类别的属性（如转换、色彩效果或滤镜）添加缓动，则从该属性类别的"已选的缓动"弹出菜单中选择缓动类型。

04 在"缓动"部分中的缓动名称右侧的字段中设置缓动的值，以编辑预设缓动曲线。

对于简单缓动曲线，该值是一个百分比，表示对属性曲线应用缓动曲线的强度。正值会在曲线的末尾增加缓动。负值会在曲线的开头增加缓动。对于波形缓动曲线（如正弦波或锯齿波），该值表示波中的半周期数。

在动画编辑器中，还可以自定义缓动曲线。通过对属性曲线应用缓动曲线，可以轻松地创建复杂动画，例如，自然界中的自由落体、行驶的汽车。

05 若要编辑自定义缓动曲线，在"缓动"部分单击"添加"按钮，在弹出的快捷菜单中选择"自定义"命令，曲线图区域将出现一条红色的缓动曲线。使用与编辑 Flash 中任何其他贝塞尔曲线相同的方法编辑该曲线。缓动曲线的初始值必须始终为 0%。

06 若要启用或禁用属性或属性类别的缓动效果，则单击该属性或属性类别的"启用/禁用缓动"复选框。这样，就可以快速查看属性曲线上的缓动效果。

07 若要从可用补间列表中删除缓动，单击动画编辑器的"缓动"部分中的"删除缓动"按钮，然后从弹出菜单中选择要删除的缓动效果。

5.7.3　应用动画预设

动画预设是 Flash 中预配置的补间动画。使用动画预设面板可导入他人制作的预设，或将自己制作的预设导出，与协作人员共享。使用预设可极大节约项目设计和开发的生产时间，特别是在需要经常使用相似类型的补间动画的情况下。

注意：动画预设只能包含补间动画。传统补间和形状补间动画不能保存为动画预设。

执行"窗口"/"动画预设"菜单命令，或直接单击浮动面板组中的图标 ，即可打开动画预设面板，如图 5-49 所示。

在舞台上选中了可补间的对象（元件实例或文本字段）后，单击"动画预设"面板中的"应用"按钮，即可应用预设。每个对象只能应用一个预设。如果将第二个预设应用于相同的对象，则第二个预设将替换第一个预设。

读者需要注意的是，包含 3D 动画的动画预设只能应用于影片剪辑实例。已补间的 3D 属性不适用于图形或按钮元件，也不适用于文本字段。可以将 2D 或 3D 动画预设应用于任何 2D 或 3D 影片剪辑。

如果创建了自己的补间，或对"动画预设"面板中的补间进行了更改，可将它另存为新的动画预设。新预设将显示在"动画预设"面板中的"自定义预设"文件夹中。

若要将自定义补间另存为预设，请执行下列操作：

图 5-49　"动画预设"面板

01 在时间轴上选中补间范围，或在舞台上选择路径或应用了自定义补间的对象。

02 单击"动画预设"面板左下角的"将选区另存为预设"按钮，或从选定内容的上下文菜单中选择"另存为动画预设"命令。Flash 会将预设另存为 XML 文件。这些文件存储在 \Documents and Settings\< 用户 >\Local Settings\Application Data\Adobe\Flash CS5\<语言>\Configuration\Motion Presets\目录下。

如果要导入动画预设，可以单击〖动画预设〗面板右上角的选项菜单按钮，从中选择"导入"命令。如果选择"导出"命令，则可将动画预设导出为 XML 文件。

5.8 反向运动

反向运动（IK）是自 Flash CS4 引入的动画制作功能，是一种使用骨骼的关节结构对一个对象或彼此相关的一组对象进行动画处理的方法。使用骨骼，只需做很少的设计工作，就可以使元件实例和形状对象按复杂而自然的方式移动。

可以向单独的元件实例或单个形状的内部添加骨骼。移动一个骨骼时，与启动运动的骨骼相关的其他连接骨骼也会移动。Flash CS5 增强了骨骼工具的功能，添加了一些物理特性在混合器中，设计者可以为每一个关节设置弹性，从而创建出更逼真的反向运动效果。

注意：若要使用反向运动，FLA 文件必须在"发布设置"对话框的"Flash"选项卡中将脚本设置指定为 ActionScript 3.0。

Flash 包括两个用于处理 IK 的工具——骨骼工具和绑定工具。使用骨骼工具可以向元件实例和形状添加骨骼；使用绑定工具可以调整形状对象的各个骨骼和控制点之间的关系。

下面简要介绍一下这两种工具的使用方法。

5.8.1 骨骼工具

在 Flash 中可以按两种方式使用 IK。第一种方式是，用关节连接一系列的元件实例。例如，用一组影片剪辑分别表示人体的不同部分，通过骨骼将躯干、上臂、下臂和手链接在一起，可以创建逼真移动的胳膊。

第二种方式是在形状对象的内部添加骨架。通过骨骼，可以移动形状的各个部分并对其进行动画处理，而无需绘制形状的不同版本或创建补间形状。

在向元件实例或形状添加骨骼时，Flash 将实例或形状以及关联的骨架移动到时间轴中的新图层，此新图层称为骨架图层。每个骨架图层只能包含一个骨架及其关联的实例或形状。通过在不同帧中为骨架定义不同的姿势，在时间轴中进行动画处理。

1. 向元件实例添加骨骼

在 Flash CS5 中，可以向影片剪辑、图形和按钮实例添加 IK 骨骼。一般步骤如下：

01 在舞台上创建元件实例。

02 在舞台上配置排列实例。

03 在绘图工具箱中选择骨骼工具，并单击要成为骨架的根部或头部的元件实例。然后拖动到单独的元件实例，以将其链接到根实例。

在拖动时，将显示骨骼。释放鼠标后，在两个元件实例之间将显示实心的骨骼。每个骨骼都具有头部、圆端和尾部（尖端），如图 5-50 所示。

骨架中的第一个骨骼是根骨骼。它显示为一个圆围绕骨骼头部。默认情况下，Flash 将每个元件实例的变形点移动到由每个骨骼连接构成的连接位置。对于根骨骼，变形点移动到骨骼头部。对于分支中的最后一个骨骼，变形点移动到骨骼的尾部。当然，也可以在"首选参数"/"绘画"对话框中禁用变形点的自动移动。

04 从第一个骨骼的尾部拖动到要添加到骨架的下一个元件实例，添加其他骨骼，如图 5-61 右图所示。

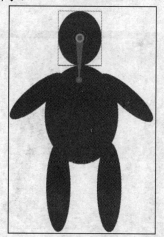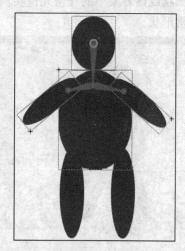

图 5-50　添加骨骼

05 按照要创建的父子关系的顺序，将对象与骨骼链接在一起。例如，如果要向表示胳膊的一系列影片剪辑添加骨骼，则绘制从肩部到肘部的第一个骨骼、从肘部到手腕的第二个骨骼以及从手腕到手部的第三个骨骼。

若要创建分支骨架，则单击希望分支开始的现有骨骼的头部，然后进行拖动以创建新分支的第一个骨骼。

注意：分支不能连接到其他分支（其根部除外）。

创建 IK 骨架后，可以在骨架中拖动骨骼或元件实例以重新定位实例。拖动骨骼会移动其关联的实例，但不允许它相对于其骨骼旋转。拖动实例允许它移动以及相对于其骨骼旋转。拖动分支中间的实例可导致父级骨骼通过连接旋转而相连。子级骨骼在移动时没有连接旋转。

2．向形状添加骨骼

使用 IK 骨架的第二种方式是使用形状对象。每个实例只能具有一个骨骼，而对于形状，可以在单个形状的内部添加多个骨骼。

在添加第一个骨骼之前必须选择所有形状。在将骨骼添加到所选内容后，Flash 将所有的形状和骨骼转换为 IK 形状对象，并将该对象移动到新的骨架图层。在将形状转换为 IK 形状后，它无法再与 IK 形状外的其他形状合并。

向形状添加骨骼的一般步骤如下：

01 在舞台上创建填充的形状，如图 5-51 所示。

02 在舞台上选择整个形状。如果形状包含多个颜色区域或笔触，要确保选择整个形状。

03 在绘图工具箱中选择骨骼工具，然后在形状内单击并拖动到形状内的其他位置。形状变为 IK 形状后，就无法再向其添加新笔触了。但仍可以向形状的现有笔触添加控制点或从中删除控制点。

04 从第一个骨骼的尾部拖动到形状内的其他位置，添加其他骨骼。添加骨骼后的效果如图 5-52 所示。创建骨骼之后，若要从某个 IK 形状或元件骨架中删除所有骨骼，可以选择该形状或该骨架中的任何元件实例，然后执行"修改"/"分离"命令，IK 形状将还原为正常形状。

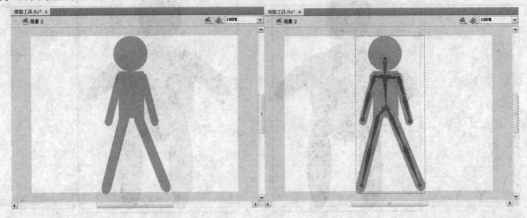

图 5-51 创建的填充形状　　　　　　　　图 5-52 添加骨骼

若要移动 IK 形状内骨骼任一端的位置，可以使用部分选取工具拖动骨骼的一端。

若要移动元件实例内骨骼连接、头部或尾部的位置，可以使用"变形"面板移动实例的变形点。骨骼将随变形点移动。

若要移动骨架，可以使用选取工具选择 IK 形状对象，然后拖动任何骨骼以移动它们。或者在如图 5-53 所示的属性面板中编辑 IK 形状。

下面对属性面板中常用的选项工具进行简要说明：

● 　　　　　：使用选取工具选中一个骨骼之后，单击这组按钮，可以将所选内容移动到相邻骨骼。

若要选择骨架中的所有骨骼，则双击某个骨骼。

若要选择整个骨架并显示骨架的属性及其骨架图层，单击骨架图层中包含骨架的帧。

● 位置：显示选中的 IK 形状在舞台上的位置、长度和角度。

若要限制选定骨骼的运动速度，在"速度"字段中输入一个值。连接速度为骨骼提供了粗细效果。最大值 100% 表示对速度没有限制。

若要创建 IK 骨架的更多逼真运动，可以控制特定骨骼的运动自由度。例如，可以约束作为胳膊一部分的两个骨骼，以便肘部无法按错误的方向弯曲。

● 联接：旋转：约束骨骼的旋转角度。

旋转度数相对于父级骨骼而言。选中"启用"选项之后，在骨骼连接的顶部将显示一个指示旋转自由度的弧形。如图 5-54 左图所示。若要使选定的骨骼相对于其父级骨骼是固定的，则禁用旋转以及 X 和 Y 轴平移。骨骼将变得不能弯曲，并跟随其父级的运动。

● 联接：X 平移/联接：Y 平移：选中"启用"选项，

图 5-53 IK 骨骼的属性面板

可以使选定的骨骼沿 X 或 Y 轴移动并更改其父级骨骼的长度。

选中"启用"之后，选中骨骼上将显示一个垂直于（或平行于）连接上骨骼的双向箭头，指示已启用 X 轴运动（或已启用 Y 轴运动），如图 5-55 所示。如果对骨骼同时启用了 X 平移和 Y 平移，则对该骨骼禁用旋转时定位它更为容易。

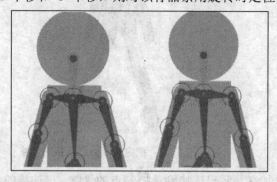
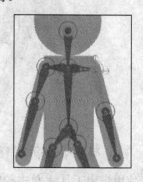

图 5-54　禁用旋转前后　　　　　　　　　图 5-55　启用 X/Y 平移

选中"约束"选项，然后输入骨骼可以行进的最小距离和最大距离，可以限制骨骼沿 x 或 y 轴启用的运动量。

"弹簧"选项是 Flash CS5 新增的对物理引擎的支持功能，利用该功能，设计师能够为动画添加物理效果而不需写一行代码。

● 强度：设置弹簧强度。值越高，创建的弹簧效果越强。

● 阻尼：设置弹簧效果的衰减速率。值越高，弹簧属性减小得越快，动画结束得越快。如果值为 0，则弹簧属性在姿势图层的所有帧中保持其最大强度。

读者要注意的是，当使用弹簧属性时，强度、阻尼、姿势图层中姿势之间的帧数、姿势图层中的总帧数、姿势图层中最后姿势与最后一帧之间的帧数等因素将影响骨骼动画的最终效果。调整其中每个因素可以达到所需的最终效果。

5.8.2　绑定工具

根据 IK 形状的配置，读者可能会发现，在移动骨架时形状的笔触并不按令人满意的方式进行扭曲。使用绑定工具，就可以编辑单个骨骼和形状控制点之间的连接，从而可以控制在每个骨骼移动时笔触扭曲的方式，以获得更满意的结果。

在 Flash CS5 中，可以将多个控制点绑定到一个骨骼，以及将多个骨骼绑定到一个控制点。使用绑定工具单击控制点或骨骼，将显示骨骼和控制点之间的连接。然后可以按各种方式更改连接。

若要加亮显示已连接到骨骼的控制点，使用绑定工具 单击该骨骼。已连接的点以黄色加亮显示，而选定的骨骼以红色加亮显示。仅连接到一个骨骼的控制点显示为方形。连接到多个骨骼的控制点显示为三角形，如图 5-56 所示。

若要向选定的骨骼添加控制点，按住 Shift 单击未加亮显示的控制点。也可以通过按住 Shift 键的同时拖动来选择要添加到选定骨骼的多个控制点。

若要从骨骼中删除控制点，按住 Ctrl 键的同时单击以黄色加亮显示的控制点。也可以通过按住 Ctrl 键的同时拖动来删除选定骨骼中的多个控制点。

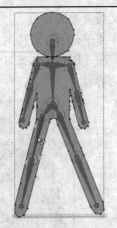

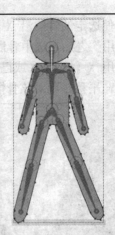

图 5-56　显示骨骼和控制点　　　　　　　图 5-57　选定控制点已连接的骨骼

使用绑定工具 🖉 单击控制点，可以加亮显示已连接到该控制点的骨骼。已连接的骨骼以黄色加亮显示，而选定的控制点以红色加亮显示，如图 5-57 所示。

若要向选定的控制点添加其他骨骼，按住 Shift 单击骨骼。

若要从选定的控制点中删除骨骼，按住 Ctrl 键的同时单击以黄色加亮显示的骨骼。

📖5.8.3　创建反向运动

IK 骨架存在于时间轴中的骨架图层上。对 IK 骨架进行动画处理的方式与 Flash 中的其他对象不同。对于骨架，只需向骨架图层添加帧并在舞台上重新定位骨架即可创建关键帧。骨架图层中的关键帧称为姿势。由于 IK 骨架通常用于动画目的，因此每个骨架图层都自动充当补间图层。

若要在时间轴中对骨架进行动画处理，可通过右键单击骨架图层中的帧，在弹出的上下文菜单中选择"插入姿势"命令来插入姿势。使用选取工具更改骨架的配置。Flash 将在姿势之间的帧中自动内插骨骼的位置。

下面通过一个简单实例演示在时间轴中对骨架进行动画处理的一般步骤。该实例演示一个卡通娃娃跳舞的姿势。

01 新建一个 flash 文件，并创建一个卡通娃娃身体各部件的元件，并在舞台上排列配置，如图 5-58 所示。

02 利用骨骼工具添加骨骼，如图 5-59 所示。

图 5-58　排列配置实例　　　　　　　　　　图 5-59　添加骨骼

03 在时间轴中，右键单击骨架图层中的第 15 帧，在弹出的上下文菜单中选择"插入帧"命令。此时，时间轴上的骨架图层将显示为绿色。

04 .执行下列操作之一，以向骨架图层中的帧添加姿势：

● 将播放头放在要添加姿势的帧上，然后在舞台上重新定位骨架。

● 右键单击骨架图层中的帧，然后在弹出的上下文菜单中选择"插入姿势"命令。

● 将播放头放在要添加姿势的帧上，然后按 F6 键。

Flash 将向当前帧中的骨架图层插入姿势。此时，第 15 帧将出现一个黑色的菱形，该图形标记指示新姿势。

05 在舞台上按下 Alt 键的同时，移动卡通娃娃的右腿，调整姿式，此时骨骼的长度也将自动进行调整，如图 5-60 所示。也可以在属性面板中调整骨骼长度。

06 在骨架图层中插入其他帧，并添加其他姿势，以完成满意的动画，如图 5-61 所示。

图 5-60　移动骨骼　　　　　　　　　　图 5-61　调整姿式

07 保存并预览动画效果。

如果要在时间轴中更改动画的长度，可以将骨架图层的最后一个帧向右或向左拖动，以添加或删除帧。Flash 将依照图层持续时间更改的比例重新定位姿势帧。

使用姿势向 IK 骨架添加动画时，读者还可以调整帧中围绕每个姿势的动画的速度。通过调整速度，可以创建更为逼真的运动。控制姿势帧附近运动的加速度称为缓动。例如，在移动腿时，在运动开始和结束时腿会加速和减速。通过在时间轴中向 IK 骨架图层添加缓动，可以在每个姿势帧前后使骨架加速或减速。

向骨架图层中的帧添加缓动的步骤如下：

01 单击骨架图层中两个姿势帧之间的帧。

应用缓动时，它会影响选定帧左侧和右侧的姿势帧之间的帧。如果选择某个姿势帧，则缓动将影响图层中选定的姿势和下一个姿势之间的帧。

02 在属性检查器中，从"缓动"菜单中选择缓动类型，如图 5-62 所示。

可用的缓动包括 4 个简单缓动和 4 个停止并启动缓动。"简单"缓动将降低紧邻上一个姿势帧之后的帧中运动的加速度，或紧邻下一个姿势帧之前的帧中运动的加速度。缓动的"强度"属性可控制缓动的影响程度。

"停止并启动"缓动减缓紧邻之前姿势帧后面的帧以及紧邻图层中下一个姿势帧之前的帧中的运动。这两种类型的缓动都具有"慢"、"中"、"快"和"最快" 4 种形式。在使用补间动画时，这些相同的缓动类型在动画编辑器中是可用的。在时间轴中选定补间动画时，可以在动画编辑器中查看每种类型的缓动的曲线。

图 5-62 选择缓动类型

03 在属性检查器中，为缓动强度输入一个值。默认强度是 0，即表示无缓动。最大值是 100，它表示对下一个姿势帧之前的帧应用最明显的缓动效果。最小值是 -100，它表示对上一个姿势帧之后的帧应用最明显的缓动效果。

04 完成后，在舞台上预览已缓动的动画。尽管对 IK 骨架应用动画处理方式之后，因此每个骨架图层都自动充当补间图层。但 IK 骨架图层又不同于补间图层，因为无法在骨架图层中对除骨骼位置以外的属性进行补间。若要将补间效果应用于除骨骼位置之外的 IK 对象属性（如位置、变形、色彩效果或滤镜），则需要将骨架及其关联的对象包含在影片剪辑或图形元件中。然后使用"插入"/"补间动画"命令和〖动画编辑器〗面板对元件的属性进行动画处理。

将骨架转换为影片剪辑或图形元件以实现其他补间效果的一般步骤如下：

01 选择 IK 骨架及其所有的关联对象。对于 IK 形状，只需单击该形状即可。对于链接的元件实例集，可以在时间轴中单击骨架图层。

02 右键单击所选内容，然后从弹出的上下文菜单中选择"转换为元件"命令。

03 在弹出的"转换为元件"对话框中输入元件的名称，并从"类型"下拉菜单中选择"影片剪辑"或"图形"。单击"确定"按钮关闭对话框。

此时，Flash 将创建一个元件，该元件自己的时间轴包含骨架的骨架图层。现在，即可以向舞台上的新元件实例添加补间动画效果。

5.9 向动画中加入声音

本节主要讲述如何向动画中加入声音。声音可以先加入到声音图层中，然后根据需要来分配声音和进行属性设置。

📖 5.9.1 添加声音

在 Flash 动画文件中添加声音时，必须先创建一个声音图层，才能在该图层中添加声音。可以把声音放在任意多的层上，在播放影片时，所有层上的声音都将回放。但是在同一段时间，一个图层只能存放一段声音，这样可以防止声音在同一图层内相互叠加。每个声音类似一个声道，当动画播放时所有的声音图层都将自动合并。

向影片中加入声音的操作步骤如下：

01 将声音导入到库面板中。

02 选择"插入"／"图层"命令，为声音创建一个图层。

03 单击选择声音层上预定开始播放声音的帧，然后右击鼠标，从弹出的快捷菜单中选择"属性"命令，调出属性设置面板。

04 在"声音"下拉列表框中选择要置于当前层的声音文件。如果需要的声音文件未在列表中显示，则需要先导入它。

05 在"效果"下拉列表框中选择一种声音效果，用来进行声音的控制。

● "无"：对声音文件不加入任何效果，选择该项可取消以前设定的效果。

● "左声道"：表示声音只在左声道播放声音，右声道不发声音。

● "右声道"：表示声音只在右声道播放声音，左声道不发声音。

● "从左到右淡出"：使声音的播放从左声道移到右声道。

● "从右到左淡出"：使声音的播放从右声道移到左声道。

● "淡入"：在声音播放期间逐渐增大音量。

● "淡出"：在声音播放期间逐渐减小音量。

● "自定义"：允许创建自己的声音效果。

06 在"同步"下拉列表框中确定声音播放的时间。

● "事件"：把声音与一事件的发生同步起来。

● "开始"：该选项与"事件"唯一不同的地方在于，到达一声音的起始帧时若有其他声音播放，则该声音将不播放。

● "停止"：使指定声音不播放。

● "数据流"：使声音与影片在 Web 站点上的播放同步。

07 在"循环"文本框中输入数字用于指定声音重复播放的次数，如果想让声音不停地播放，可输入一较大的数字。

另外，如果不需要对声音进行设置和编辑，Flash CS5 还提供了使用快捷方式加入声音，其方法是，使声音层变为当前层，从库面板中直接把声音拖到舞台上，Flash 将按默认的设置把声音置于当前帧。

5.9.2 编辑声音

在本小节中将介绍如何使用"编辑封套"对话框中的工具来对声音的起点和终点以及播放时间的音量进行设置。

1. 定义声音的起点和终点

在"编辑封套"对话框的声音面板中进行声音编辑控制，可定义声音的起始播放点，控制播放时声音的音量。Flash 可以改变声音的起始点和结束点。

在声音对应的属性设置面板单击"编辑"按钮，打开"编辑封套"对话框，如图 5-63 所示。该对话框中有两个波形图，它们分别是左声道和右声道的波形。在左声道和右声道之间有一条分隔线，分隔线上左右两侧各有一个控制手柄，它们分别是声音的开始滑块和声音的结束滑块，拖动它们可以改变声音的起点和终点。

定义声音的起点和终点的操作步骤如下：

01 向某一帧中加入一声音或选择一包含声音的帧。

02 在属性设置面板的"声音"下拉列表框中选择要定义声音的起点和终点的声音文件。

03 单击属性设置面板中的"编辑"按钮，打开"编辑封套"对话框。

04 拖动分隔线左侧声音的开始滑块，确定声音的起点。

05 拖动分隔线右侧声音的结束滑块，确定声音的终点。如图 5-64 所示。

定义声音的起点和终点后，这个过程中的操作都是针对声音的开始滑块和声音的结束滑块之间的声音，这两个滑块之外的声音将从动画文件内删除。

 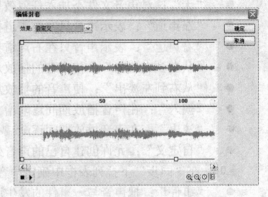

图 5-63 "编辑封套"对话框 　　　　　　　　　　　图 5-64 定义声音的起点和终点

2. 调节声音的幅度

在 Flash CS5 中可以对声音的幅度进行比较细腻的调整。在"编辑封套"对话框中的声道波形的下面还有一条直线，它就是用来调节声音的幅度，称之为幅度线。在幅度线上还有两个声音幅度调节点，拖动调节点可以调整幅度线的形状，从而达到调节某一段声音的幅度。

当声音文件被导入 Flash 后，可以通过打开"编辑封套"/"效果"下拉菜单，从中选择各个选项，然后就可以看到幅度线上调节点的相应改变，如图 5-65 所示的就是右声道效果图、图 5-66 所示就是声音从右到左的效果图、图 5-67 所示就是声音淡入的效果图。

 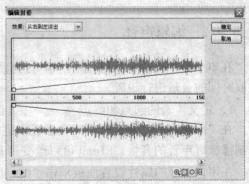

图 5-65 右声道效果图 　　　　　　　　　　　图 5-66 声音从右到左的效果图

使用 2 个或 4 个声音幅度调节点只能实现简单地调节声音的幅度，对于比较复杂的音量效果来说，声音调节点的数量还需要进一步增加。如果要添加声音调节点，单击幅度线即可。例如在幅度线上单击 8 次，将左、右声道上个添加 8 个声音调节点，如图 5-68 所示。

注意：声音调节点的数量不能够无限制地增加，最多只能有 8 个声音调节点，如果试图添加多于 8 个声音调节点时，Flash 将忽略单击幅度线的操作。

3．其他按钮的功能

在"编辑封套"对话框的下面还有 6 个按钮，它们的功能分别如下：

- ■：停止正在播放的声音。
- ▶：预听所设置的声音。
- ⊕：放大声音的幅度线。
- ⊖：缩小声音的幅度线。
- ⊙：将窗口中的声音进度设置为以时间"秒"为单位的标尺。
- ⊞：将窗口中的声音进度设置为以"帧"为单位的标尺。

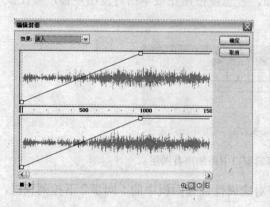

图 5-67　声音淡入的效果图　　　　　图 5-68　添加声音调节点

5.9.3 控制声音

给 Flash 动画文件配音包括在指定关键帧开始或停止声音的播放、为按钮添加声音。

1．在指定关键帧开始或停止声音的播放

指定关键帧开始或停止播放声音以使它与动画的播放同步是编辑声音时最常见的操作。操作步骤如下：

01 将声音导入到库面板中。

02 选择"插入"/"图层"命令，为声音创建一个图层。

03 选择声音层上预定开始播放声音的帧，然后打开对应的属性面板。

04 在"声音"下拉列表框中选择一个声音文件，选择"同步"/"事件"选项。

05 在声音层声音结束处创建一个关键帧。

06 在"声音"下拉列表框中选择一个声音文件，选择"同步"/"停止"选项。

按照上述方法将声音添加到动画内容之后，可以在时间轴窗口的声音图层中看到声音的幅度线，如图 5-69 所示。

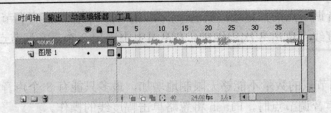

图 5-69 添加声音后的时间轴窗口

注意： 声音图层时间轴中的两个关键帧的长度不要超过声音播放的总长度，否则当动画还没有播放到第 2 个关键帧，声音文件就已经结束，添加的功能就无法实现。

2．为按钮添加声音

01 打开一个 Flash 动画文件。

02 选择"插入"/"新建元件"命令，新建一个按钮元件。

03 在元件编辑窗口中加入一个声音图层，在声音图层中为每个要加入声音的按钮状态创建一个关键帧，如图 5-70 所示。例如，若想使按钮在被单击时发出声音，可在按钮的标签为"按下"的帧中加入一个关键帧。

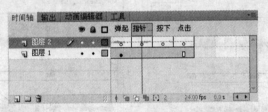

图 5-70 在按钮元件编辑窗口中添加声音图层

04 向创建的关键帧中加入声音，打开对应属性设置面板中的"同步"下拉列表框，从中选择声音对应的事件。

05 添加声音后，选择"编辑"/"编辑文档"命令，返回到场景编辑舞台。

06 从库面板中将刚才创建的按钮拖曳到舞台中的工作区域内。

为了使按钮中不同的关键帧中有不同的声音，可把不同关键帧中的声音置于不同的层中，还可以在不同的关键帧中使用同一种声音，但使用不同的效果。

5.9.4 输出带声音的动画

在输出影片时，对声音设置不同的取样率和压缩比对影片中声音播放的质量和大小影响很大，压缩比越大、取样率越低会导致影片中声音所占空间越小、回放质量越差，因此这两方面应兼顾。

1．设置声音的输出属性

在输出带声音的动画时常常需要设置单个声音的输出属性，步骤如下：

01 打开添加声音的动画文件。

02 选择"文件"/"导入"命令，导入声音文件到库面板中。

03 在库窗口中的声音文件上单击鼠标右键，打开快捷菜单。

04 在弹出的快捷菜单选择"属性"命令，调出"声音属性"对话框，如图5-71所示。

05 打开"压缩"下拉列表框，选择压缩声音的格式。

06 单击"测试"按钮，对声音进行预听。

07 单击"确定"按钮，进行确认，并关闭该对话框。

08 打开"声音"/"属性"对话框，在"压缩"下拉列表框中进行有关声音压缩的设定，根据压缩方式的不同，可用的选项也有所不同。"压缩"下拉列表框有5个选项，选择"默认"时，表示使用 Flash 默认的动画发布设置压缩所选择的声音文件；选择"ADPCM"时，将声音文件压缩成16位的声音数据。在输出短的事件声音时最好压缩成 ADPCM 格式。

09 选择 ADPCM 选项后，在对话框的下面出现如图5-72所示的设置选项。

图5-71 "声音属性"对话框   图5-72 ADPCM 的设置选项该

10 单击选择"转换立体声成单声"复选框时，可以使立体声变为单声道，对原本就是单声道的声音不受影响，用这种方法可以将声音的数据量减少一半。

11 单击打开"采样比率"下拉列表框，设置声音的取样率。

12 单击"ADPCM 位"列表框，设置把声音按 ADPCM 格式编码时所用的数据位数。

13 在"压缩"下拉列表框中选择"MP3"选项，允许以 MP3 格式对声音进行压缩，在输出一较长的声音数据流适合使用这种格式。

14 单击打开"比特率"下拉列表框，确定由 MP3 编码器产生的最大的位速率，该项仅当 MP3 项被选中时才出现。在输出音乐时，把位速率设为16 Kbps 或更高可取得满意的效果，当位速率低于16Kbps 时，"转换立体声成单声"选项不可选。

15 单击"品质"下拉列表框，在该列表框中有"快速"、"中"和"最佳"，当影片用于 Web 页时可选中"快速"项，当影片主要在本地硬盘或 CD 中使用，可选择其他两项。

16 在"压缩"下拉列表框中选择"原始"选项。"RAW"表示把声音不经压缩就输出，可以对取样率和单双声道进行设置。

17 在"压缩"下拉列表框中选择"语音"选项。"语音"表示把声音不经压缩就输出，可以对取样率进行设置。

18 在"声音属性"对话框中还有"更新"、"测试"、"停止"和"导入"等按钮。"更新"按钮可以更新对对话框中的声音文件的说明信息。单击"测试"按钮时，可以对压缩后的声音进行测试。单击"停止"时，将中断整个测试过程。当对声音进行各种设置完成后，还不能达到满意的效果时，可以单击"导入"按钮来重新导入一个新的声音来代替当前的声音，重新进行属性设置。

2．输出带声音的动画

Flash 软件向来以文件输出格式多样而引人注目。Flash 不但可以向动画中添加声音，而且可以将动画中的声音以多种格式进行输出。

输出带声音的动画的步骤如下：

01 选择"文件"/"导出影片"，调出"导出影片"对话框。

02 "导出影片"对话框的"保存"下拉列表框中选择保存文件的位置。

03 在"保存类型"下拉列表框中选择保存文件的类型。

04 在"文件"文本框中输入声音文件的名称。

05 单击"保存"按钮。同时会弹出"导出 Flash Player"对话框，如图 5-73 所示。

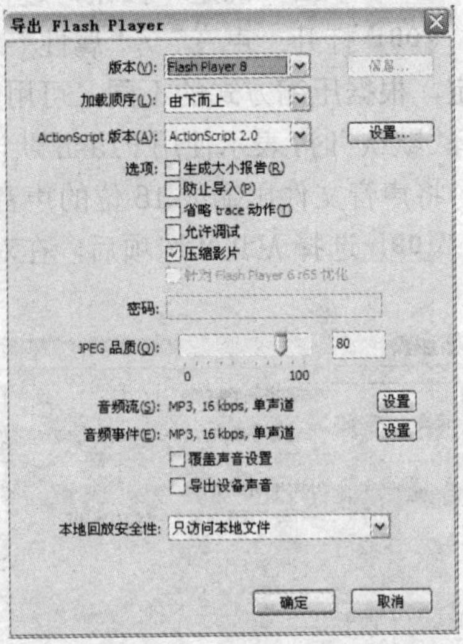

图 5-73　"导出 Flash Player"对话框

06 在"导出 Flash Player"对话框中可以重新设置输出声音的属性、选择以 Flash 的何种版本导出该动画等功能。

07 设置完成后，单击"确定"按钮，进行确认，并关闭该对话框。

5.10　发布 Flash CS5 电影

Flash 文件格式遵循开放式标准，可为其他应用程序所支持。除 Flash 播放文件格式（.swf）以外，Flash 还可以其他格式输出电影或静止图片，这些格式有 GIF、JPEG、PNG、BMP、PICT、QuickTime 和 AVI 等。

利用"发布"命令可将所需的文件整合到用于 Web 中的 Flash 应用中。也就是说，"发布"命令不仅能生成电影，而且能根据电影内容生成用于未安装 Flash 播放器的浏览器中的图形，创建用于播放 Flash 电影的 HTML 文档并控制浏览器的相应设置；"发布"命令还能创建用于 Windows 和 Macintosh 中的独立的可执行文件或 QuickTime 视频文件。本节介绍在网页制作中常常使用到的发布、HTML、GIF 和 JPEG 选项。

5.10.1　发布设定

在使用"发布"命令之前，还应该使用"发布设置"命令进行有关设定。发布 Flash 电影的操作步骤如下：

01 选择"文件"/"发布设置"，调出"发布设置"；对话框，如图 5-74 所示。

02 在该对话框中对每种要创建的文件格式设定相应选项。除了"Windows 放映文件"文件格式外，每种文件格式都有它相应的设置项，在选择一种图形格式发布时，Flash 会自动加入嵌入该图形的 HTML 代码。

03 为文件输入一个电影的名称。如果选择"使用默认名称"复选框，系统会为该电影文件自动设置一个默认的名称。

04 如果要改变某种格式的设置，可点按该格式相应的标签页，在打开的标签页中进行。设置完成后可直接单击"发布"按钮，也可以单击"确定"按钮关闭对话框。

图 5-74 "发布设置"对话框

05 选择"文件"/"发布"命令可立即按指定设置生成所有指定格式的文件。

📖5.10.2 Flash 选项

在"发布设置"对话框中单击选择"Flash"标签，打开 Flash 选项卡，如图 5-75 所示。该选项卡中各个选项的意义及功能如下：

● "版本"：设置 Flash 作品的版本。

● "加载顺序"：用于指定在第 1 帧中图层的载入方式。在网络中，在数据传输速率受到限制的情况下，Flash 显示每一帧有一个过程，该选项用于确定在电影下载并播放时第 1 帧最先出现的部分。

● "脚本"：设置动作脚本的版本，可以选择 ActionScript 1.0、ActionScript 2.0 或者 ActionScript 3.0。

当选择 ActionScript 2.0 或 ActionScript 3.0 时，右侧的"设置"按钮变为可用，单击该按钮会弹出 ActionScript 类文件设置的对话框．在其中可以添加、删除、浏览类的路径。

Flash CS5 新增了一种文本布局框架（TLF）。为使文本正常显示，所有 TLF 文本对象都应依赖特定的 TLF ActionScript 库，也称为运行时共享库或 RSL。在创作期间，Flash 将提供此库。在运行时，将已发布的 SWF 文件上载到 Web 服务器之后，可以通过本地计算机或 Adobe 服务器提供运行时共享库。

在发布包含 TLF 文本的 SWF 文件时，Flash 将在 SWF 文件旁边创建名为 textLayout_X.X.X.XXX.swz（其中 X 串替换为版本号）的附加文件。可以选择是否将此文件及 SWF 文件一起上载到 Web 服务器。执行此操作有利于应对由于某种原因 Adobe 的服务器不可用的罕见情况。

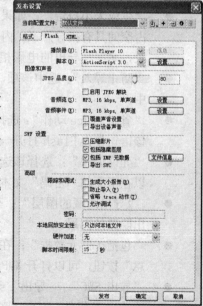

图 5-75 "Flash"发布选项

若要编译已发布 SWF 文件中的 TLF ActionScript 资源，可以在"脚本"下拉列表框中选择 ActionScript 3.0，然后单击右侧的"设置"按钮，在弹出的"高级 ActionScript 3.0 设置"对话框中单击"库路径"选项卡，在"运行时共享库设置"部分的"默认链接"下拉列表中选择"合并到代码"。

如果本地播放计算机上没有嵌入 TLF ActionScript 资源或嵌入的 TLF ActionScript 资源不可用，则当 Flash Player 下载这些资源时，在 SWF 播放过程中可能会发生短暂延迟。可以选择 Flash Player 在下载这些资源时显示的预加载器 SWF 的类型。

在"运行时共享库设置"部分的"预加载器方法"下拉列表中可以选择预加载器的类型。

> 预加载器 SWF：这是 Flash CS5 的默认设置值。Flash 在已发布 SWF 文件中嵌入一个小型的预加载器 SWF 文件。在资源加载过程中，此预加载器会显示进度栏。

> 自定义预加载器循环：使用自己的预加载器 SWF。

注意：仅当"默认链接"设置为"运行时共享库(RSL)"时，"预加载器方法"设置才可用。

● "JPEG 品质"：该选项用来确定电影中所有位图以 JPEG 文件格式压缩时的压缩比。如果电影中不包含位图，那么该选项设置将不起作用。

● "音频流"和"音频事件"：这两个选项用于分别对导出的音频和音频事件的取样率和压缩比等方面进行设置。如果电影中没有声音流，该设置将不起作用。

● "覆盖声音设置"：该选项使得电影中所有的声音都采用当前对话框中对声音所作的设置。如果要创建用于本地的声音保真度较高的电影，或用于网络的占用空间较小、声音保帧度较低的电影，可选中该选项。

● "生成大小报告"：如果选择该选项将生成一文本文件，该文件对于减少电影所占空间具有指导意义，内容是以字节为单位的电影的各个部分所占空间的一个列表，名字与导出的电影相同，扩展名为".txt"。

● "防止导入"：选中该项，则 Flash 播放器文件不能被从网上下载并导入到 Flash 中。

● "省略 trace 动作"：选择该选项时可以使 Flash 忽略当前电影中的 Trace 语句。该语句使得 Flash 打开一个输出窗口，显示电影的某些信息。

● "允许调试"：选择该选项后，将允许远程调试输出的作品。为了安全起见，可以在下面的"密码"文本框中输入一个密码，用来保护作品不被他人随意调试。

● "导出隐藏的图层"：有选择地输出图层，例如只发布没有隐藏的图层，或导出隐藏的图层。

● "包括 XMP 元数据"：在导出发布的文件中包括元数据。单击其右侧的"文件信息"按钮，可以打开 XMP 面板，可以查看或键入文件要包括的元数据。

● "导出 SWC"： 导出 .swc 文件，该文件用于分发组件。 SWC 文件包含可重用的 Flash 组件。每个 SWC 文件都包含一个已编译的影片剪辑、ActionScript 代码以及组件所要求的任何其它资源。

● "密码"：如果使用的是 ActionScript 2.0，并且选择了"允许调试"或"防止导入"，则在"密码"文本字段中输入密码，其他用户必须输入该密码才能调试或导入 SWF 文件。若要删除密码，清除密码文本字段即可。

● "本地回放安全性"：选择要使用的 Flash 安全模型。

● "硬件加速"：使 SWF 文件能够使用硬件加速的模式。

"第 1 级 — 直接"模式通过允许 Flash Player 在屏幕上直接绘制，而不是让浏览器进行绘制，从而改善播放性能。

"第 2 级 —GPU "模式通过允许 Flash Player 利用图形卡的可用计算能力执行视频播放并对图层化图形进行复合。如果预计您的受众拥有高端图形卡，则可以使用此选项。

● "脚本时间限制"：设置脚本在 SWF 文件中执行时可占用的最大时间量。Flash Player 将取消执行超出此限制的任何脚本。

5.10.3 HTML 选项

如果需要在 Web 浏览器中放映 Flash 电影，必须创建一个用来启动该电影并对浏览器进行有关设置的 HTML 文档。这个过程可以由"发布"来自动创建所需的 HTML 文档。

HTML 文档中的参数可确定 Flash 电影在窗口的什么地方演示、背景色和演示时电影的尺寸等。在"发布设置"对话框中，单击选择"HTML"标签，则会打开 HTML 选项卡，如图 5-76 所示。

Flash 修改的许多 HTML 参数是有关对象和嵌入方面的标签，其中前者是在 Internet Explorer 中打开 Flash 电影时要用到的 HTML 代码，后者则在 Netscape 中起同样作用。

该选项卡中各个选项的意义及功能如下：

● "模板"：用于设定使用何种已安装的模板。所有下拉列表框中列出的模板对应的文件都在 Flash 安装目录路径的 HTML 子文件夹中。单击"信息"按钮，将出现内容为所选定模板的简要介绍的消息框。如果未选择任何模板，Flash 将使用名为 Default.html 的文件作为模板；如果该文件不存在，Flash 将使用列表中的第一个模板。Flash 将依据嵌入的电影和所选择的模板为生成的文档命名，文档的名称为嵌入的电影的名称，扩展名与原模板的相同。例如，如果在发布名为 myMovie.swf 的文件时选择了名为 standard.asp 的模板，那么生成文件的名称为 myMovie.asp。

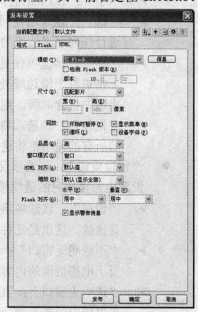

图 5-76 HTML 选项卡

● "尺寸"：该选项用于设置在生成文档的 OBJECT 或 EMBED 标签中的宽度和高度属性值的度量单位。该选项的下拉菜单中有 3 个选项，它们的意义分别如下：

➢ "匹配影片"：该选项是系统默认的选项，使度量单位与电影的度量单位相同。

➢ "象素"：该选项允许在下方文本框内输入以象素为单位的宽度和高度值。

- ➢ "百分比"：允许在下方文本框输入相对与浏览器窗口的宽度和高度的百分数。
- ● "回放"：该选项组用于设置在生成文档的 OBJECT 或 EMBED 标签中的循环、播放、菜单和设备字体方面的参数。设置电影在网页的播放属性，有 4 个子选项：
  - ➢ "开始时暂停"：该选项将 PLAY 参数置为 FALSE 并且暂停电影的播放，直到被演示者在电影区域内单击鼠标或从快捷菜单中选择 Play 为止。
  - ➢ "循环"：电影重复播放。
  - ➢ "设备字体"：该选项只适用于 Windows。用系统中的边缘平滑的字体代替电影中指定但本地机中未安装的字体，默认情况下不被选中。
  - ➢ "显示菜单"：在电影播放区域右击鼠标时可弹出快捷菜单。如果想使 About Flash 成为快捷菜单中唯一的命令，可取消对该选项的选择。
- ● "品质"：该选项用于确定平滑边缘效果的等级。
  - ➢ "自动降低"：在确保播放速度的情况下，如果可能再提高图像的品质，Flash 动画在载入时，关闭反锯齿处理。但放映过程中只要播放器检测到处理器有额外的潜力，就会打开平滑边缘处理功能。
  - ➢ "自动升高"：该选项将回放速度和外观显示置于同等地位，但只要有必要，将牺牲显示质量以保证回放速度。在开始回放时也进行平滑边缘处理，如果回放过程中帧速率低于指定值，将关闭平滑边缘处理功能。
  - ➢ "中"：该选项将打开部分反锯齿处理，但是不对位图进行平滑处理。
  - ➢ "低"：该选项使回放速度的优先级高于电影的外观，选择该选项时，将不进行任何平滑边缘的处理。
  - ➢ "高"：该选项使显示外观优先级高于回放速度，选择该选项时，一般情况下将进行平滑边缘处理。如果电影中不包含动画，则对位图进行处理；如果电影中包含动画，则不对位图进行处理。
  - ➢ "最佳"：该选项将提供最佳的显示质量而不考虑回放速度，包括位图在内的所有的输出都将进行平滑处理。
- ● "窗口模式"：该选项仅在安装了 Flash Active X 控件的 Internet Explorer 中，设置电影播放时的透明模式和位置。该选项有 3 个子选项：
  - ➢ "窗口"：该选项将 WMODE 参数设为 Window，这使得电影在网页中指定的位置播放，这也是几种选项中播放速度最快的一种。
  - ➢ "不透明无窗口"：该选项项将 Window Mode 参数设为 opaque，这将挡住网页上电影后面的内容。
  - ➢ "透明无窗口"：该选项将 Window Mode 参数设为 transparent，这使得网页上电影中的透明部分显示网页的内容与背景，有可能降低动画速度。
- ● "HTML 对齐"：决定电影在浏览器窗口中的位置。该选项有 5 个子选项。
  - ➢ "默认"：该选项使电影置于浏览器窗口的中央，如果浏览器窗口尺寸比电影所占区域尺寸小，将调整浏览器窗口尺寸，使电影正常显示。
  - ➢ "左对齐"：该选项使电影与浏览器窗口的左边对齐，如果浏览器窗口不足以容纳电影，将调整窗口的上下边和右边。

> ➤ "右对齐"：该选项使电影与浏览器窗口的右边对齐，如果浏览器窗口不足
> 以容纳电影，将调整窗口的上下边和左边。
> ➤ "顶部"：该选项使电影与浏览器窗口的顶边对齐，如果浏览器窗口不足以
> 容纳电影，将调整窗口的左右边和底边。
> ➤ "底部"：该选项使电影与浏览器窗口的底边对齐，如果浏览器窗口不足以
> 容纳电影，将调整窗口的左右边和顶边。

- "缩放"：该选项确定电影被如何放置在指定长宽尺寸的区域中，该设置只有在
  输入的长宽尺寸与原电影尺寸不符时起作用。该选项有 4 个子选项，意义如下：

> ➤ "默认（全部显示）"：该选项在指定尺寸的区域中显示整个电影的内容并
> 保持与原电影相同的长宽比例。
> ➤ "无边框"：该选项在维持电影长宽比例的情况下填充指定区域，电影的部
> 分内容可能显示不出来。
> ➤ "精确匹配"：该选项使整个电影在指定区域可见，因为此时不再维持原有
> 的长宽比例，所以电影有可能变形。
> ➤ "无缩放"：该选项在指定尺寸的区域中显示整个电影的内容，并且保持与原
> 电影相同的长宽，无缩放。

- "Flash 对齐"：确定电影在电影窗口中的放置方式，及对电影尺寸进行剪裁的
  方式。
- "显示警告信息"：确定如果标签设置上发生冲突，Flash 是否显示出错消息框。

📖 5.10.4　GIF 选项

　　GIF 文件提供了一种用于输出 Web 页中的图形和简单动画的简便易行的方式，标准的
GIF 文件就是经压缩的位图文件。动画 GIF 文件提供了一种输出短动画的简便方式。

　　在以静态 GIF 文件格式输出时，如果不作专门指定，将仅输出第 1 帧；在以动态 GIF
文件格式输出时，如果不作专门指定，Flash 将输出电影的所有帧；如果希望以动画 GIF
格式输出电影中的某一段，可以把这一段的开始帧和结束帧的标签分别置为 First 和 Last。

　　在"发布设置"对话框中单击选择"GIF"标签，会打开 GIF 选项卡。该选项卡中各
个选项的意义及功能如下：

- "尺寸"：以像素为单位设置输出图形的长宽尺寸。
- "回放"：确定输出的图形是静态的还是动态。
- "选项"：有关输出的 GIF 文件外观的设定，它有 5 个子选项，其意义分别如下：

> ➤ "优化颜色"：从 GIF 文件的颜色表中除去所有未用到的颜色，这将在不牺
> 牲画质的前提下使文件少占用 1000～1500 字节的存储空间，但将使内存开销
> 稍稍增加，该选项对"动画"调色板无效。
> ➤ "平滑"：打开平滑边缘功能，生成更高画质的图形。然而，进行平滑边缘
> 处理的图形周围可能有一灰色的象光晕一样的过渡区，如果该过渡区较明显
> 或要生成的图形是在多颜色背景上的透明图形，可取消对该选项的选择，这
> 还可使文件所占存储空间变小。

- ➢ "交错"：在浏览器中下载该图形文件时，以交错形式逐渐显示出来。较适于速度较慢的网络，对动画 GIF 文件，不要选中本选项。
- ➢ "抖动底色"：对图形中的单色或渐变色作浓淡处理。
- ➢ "删除渐变色"：把图形中的渐变色变为单色，该单色为渐变色中的第一种颜色。在选择该选项之前为避免产生不可预料的结果，应选好渐变色的第一种颜色。
- ● "透明"：确定电影中的背景和透明度在生成的 GIF 文件中如何转换。
  - ➢ Alpha：设置了一个 alpha 值的极限，图片中 alpha 值低于此极限的颜色将完全透明，alpha 值高于此极限的颜色不发生变化。极限的取值范围是 0~255 之间，可以在右边的文本框中直接输入。
- ● "抖动"：确定是否对图形中的颜色进行处理并决定处理方式。如果当前调色板中没有原电影中用到的颜色，将用相近颜色代替。当该选项关闭时，同样情况下 Flash 将不使用调色板中与原电影中相近的颜色来代替。
  - ➢ "无"：禁止颜色处理。
  - ➢ "有序"：在尽可能减少文件的存储空间的前提下创建好的颜色处理效果。
  - ➢ "扩散"：提供最好的颜色处理效果，但因此而引起的文件存储空间的增加也比上一项要大许多。
- ● "调色板类型"：指定图形用到的调色板。
  - ➢ "Web 216 色"：使用标准 216 色浏览器调色板创建 GIF 文件，该选项提供好的画质，并且在服务器上的处理速度也是最快的。
  - ➢ "最适"：将对不同的图形进行颜色分析并据此产生该图形专用的颜色表，这可以产生与原电影中的图形最匹配的颜色，但文件所占用的存储空间比 Web 216 项的要大。当图形使用的颜色数很多时，选用该选项可取得满意效果。
  - ➢ "接近 Web 最适色"：除将相近的颜色转变为 Web 216 调色板中的颜色外，其余与上一项相同。同样为减小文件所占用的存储空间，要对生成文件的调色板进行优化。
  - ➢ "自定义"：允许为将要输出的图形指定经优化过的调色板，该选项将提供与 Web 216 项同样的处理速度。要选择一个自定义调色板，选中该选项后单击对话框右下角处的 "..." 按钮。
- ● "最多颜色"：设置在 GIF 图形中用到的颜色数，当该设置的数字较小时，生成的文件所占用空间也较小，但有可能使图形的颜色失真。

📖5.10.5　JPEG 选项

使用 JPEG 格式可把图形存为高压缩比的、24 位色的位图。总的来说，GIF 格式较适于输出由线条形成的图形，而 JPEG 格式则较适于输出包含渐变色或嵌入位图形成的图形。

同输出静态 GIF 文件一样，在以 JPG 文件格式输出某一帧时，如果不作专门指定，将仅输出第 1 帧，如果想把其他帧以 JPEG 文件格式输出，可以在时间轴窗口中选中该帧后在 "发布设置" 对话框中的 GIF 面板执行发布命令，也可以在时间轴窗口中把要输出的帧的标签设为 "静态" 后再执行发布命令。

在"发布设置"对话框中，单击选择"JPEG"标签打开 JPEG 选项卡。该选项卡中各个选项的意义及功能与 GIF 选项相同，这里不再一一介绍。

5.10.6 PNG 选项

- "位深度"：度确定将用在导出图像中的颜色数量。位深度越低，产生的文件越小。
- "抖动"：如果选择 8 位深度，所获得的调色板中最多可包含 256 种颜色。如果正在导出的 PNG 使用的是当前调色板中没有的颜色，那么抖动可以通过混合可用的颜色来帮助模拟那些没有的颜色。
- "调色板类型"：当使用 8 位的位深度来导出图像时，只能用有限的调色板颜色；因此，重要的是选择适当的调色板，这样才能使导出的文件的颜色尽可能准确。
- "最多颜色"：因为这两个选项可在导出图像时创建自定义调色板，所以以此选项可设置将创建的颜色的最大数量。颜色越少，图像文件也越小，但是颜色的准确性也越低。颜色越多，文件也越大，但是颜色的准确性也越高。
- "过滤器选项"：压缩过程中，PNG 图像会经过一个"筛选"过程，此过程使图像以一种最有效的方式进行压缩。选择筛选可同时获得最佳图像质量和文件大小。

5.10.7 发布预览

选择"文件"/"发布预览"命令，可以使 Flash 按所选的文件类型在默认浏览器中输出。

5.10.8 输出 Flash 电影

在 Flash CS5 中还可以使用"导出图像"菜单命令和"导出影片"菜单命令来导出图像或电影。"导出"命令用于将 Flash 电影中的内容以指定的各种格式导出以供其他应用程序使用。与"发布"命令不同的是，使用"导出影片"或"导出图像"命令一次只能导出一种指定格式的文件。

"导出影片"命令可将当前 Flash 电影中所有内容以所支持的文件格式导出，如果所选文件格式为静态图形，该命令将导出一系列的图形文件，每个文件与电影中的一帧对应；在 Windows 下，该命令还可将电影中的声音导出为 WAV 文件。

"导出图像"命令可将当前帧中的内容或选中的图形以静态图形文件的格式输出，或输出到另一单帧的 Flash 播放器文件中。

在将图形以向量图形格式输出时，图形文件中有关向量的信息会保存下来，可在其他基于向量的图形应用程序中进行编辑。当将一个 Flash 图形导出为 GIF、JPEG、PNG 或 BMP 格式的文件时，图形将丢失其中有关向量的信息，仅以象素信息的格式保存，可以在如 PhotoShop 之类的图形编辑器中进行编辑，但不能在基于向量的图形应用程序中进行编辑。

使用"导出影片"或"导出图像"命令导出电影的步骤如下：

01 如果输出图形，首先选择电影中要输出的帧或图形。

02 选择"文件"/"导出影片"或"导出图像"命令。

03 在出现的对话框中的"保存在"下拉列表框中选择保存文件的位置。

04 在"保存类型"下拉列表框中选择保存文件的类型。

05 在"文件"文本框中输入声音文件的名称。

06 单击"保存"按钮，进行确认。根据所选择的文件格式不同，如果需要进一步的输出设定，会在出现以输出对话框。

07 设置所选定格式的输出选项，单击"确定"按钮。

5.11　本章小结

本章主要介绍 Flash CS5 中动画制作的基础知识，包括动画的原理、时间轴窗口及相关操作、场景管理的方法和技巧；制作逐帧动画、位移渐变动画、形变渐变动画等的方法和技巧，对于这些内容读者应该熟练掌握。注意区分帧、普通帧、关键帧、空白关键帧以及空白帧等基本概念。此外，还介绍了在 Flash CS5 中如何导入声音文件，以及如何向动画中加入声音、如何使用"编辑封套"对话框中的工具编辑声音，设置单个声音的输出属性。本章最后讲述了发布和输出 Flash 电影前的准备工作，包括优化 Flash 电影的方法和技巧。

读者在学习本章的内容时，应该多注意本章中的基本概念和基本操作，并结合具体的实例多上机操作，勤加练习。掌握这些基本的知识点，再加上读者的发挥创作，一定可以制作出非常优秀的作品来。

5.12　思考与练习

1．填空题

（1）Flash 动画可以分为两类。一种是_____，另外一种是过度动画，过度动画又分为_____和_____。

（2）时间轴标尺是由_____和_____两部分组成。

（3）播放头主要有两个作用，它们分别是_____、_____。

（4）Flash 中使用_____对话框编辑声音的起点、终点和大小强弱的。

（5）使用_____命令可根据在 Flash 中编辑的电影创建出用于网页的文件。

（6）在 Flash CS5 中可以使用_____命令和_____菜单命令来导出图像或电影。

2．操作题

（1）创建一个立体球从舞台的左下角移动到右上角的直线运动。

提示：首先将创建的立体球转换为元件，然后在时间轴窗口插入两个关键帧，将第 1 个关键帧所对应的元件实例拖曳到舞台的左下角，将第 2 个关键帧所对应的元件实例拖曳到舞台的右上角，然后建立两个关键帧的运动过度动画。

（2）导入一幅图片，创建该图片沿曲线移动，在移动的过程中不断旋转并逐渐地消失。

提示：首先将导入的图像转换为元件，然后参照本章 5.5 节中有关知识创建沿曲线移动的动画，通过对应的属性设置面板将第 2 个关键帧所对应的元件实例的 Alpha 属性设置为 0（完全透明）。

（3）制作一个来回滚动的小球。要求：小球在一条直线上来回滚动。

提示：首先通过添加引导图层创建小球来回滚动的位移过度动画，然后再添加一个图层，在该图层中绘制一个和引导图层中绘制的引导线一样（包括大小和位置）的直线。

（4）导入一个声音文件到 Flash 动画中。

提示：使用"文件"／"导入"命令即可。

（5）制作一个带声音的按钮。

提示：将声音文件导入到库面板中，然后在按钮对应的帧中加入声音即可。

（6）将导入到 Flash 动画中的声音以 MP3 的格式进行压缩。

提示：在库面板中选择需要以 MP3 的格式进行压缩的声音文件，右击鼠标，从弹出的声音文件中选择"声音属性"命令，在"声音属性"对话框中进行相关设置。

（7）目的：使用本章所学的功能制作一个翻书的动画。

提示：使用不同的图层，绘制书本中不同的部分，使用遮罩层来产生翻书过程中的遮挡效果。注意各帧之间的渐变类型，以及注意关键帧的制作。如图 5-77 所示的 3 幅图片是在动画中的一些关键祯。

  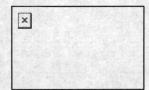

图 5-77　关键帧效果图

（8）打开一个 Flash 文件，然后以 GIF、JPEG 两种不同格式进行发布。

提示：使用"文件"／"发布设置"命令，调出"发布设置"对话框，在该对话框中分别单击"GIF"标签和"JPEG"标签，并分别在对应的选项卡中进行相关的设置，然后单击"发布"按钮即可。

（9）打开一个 Flash 文件，然后以"*.SWF"和"*.AVI"两种不同类型进行输出。

提示：使用"文件"／"导出影片"命令，调出"导出影片"对话框，在该对话框中选择所需要发布的文件类型，输入文件名后单击"确定"按钮，即可打开对应的对话框，再根据需要进一步进行设置，设置完成后单击"确定"按钮即可。

第 6 章

交互动画

本章将向读者介绍交互动画的制作基础，内容包括交互动画的概念，Flash CS5 中"动作"面板的组成与使用方法，如何设置"动作"面板参数，在撰写脚本时如何使用代码提示，如何通过"动作"面板给帧、按钮以及影片剪辑添加动作，以及如何创建简单的交互操作，比如跳到某一帧或场景，播放和停止影片，跳到不同的 URL。这些内容将是本章的重点。

学习要点

- 动作面板的使用方法
- 创建交互动画的条件
- 为帧，按钮和影片剪辑添加动作
- 简单的交互创作操作方法

6.1 交互的基本概念

什么是"交互"？Flash 中的交互就是指人与计算机之间的对话过程，人发出命令，计算机执行操作，即人的动作引发计算机响应这样一个过程。交互性是电影和观众之间的纽带。交互动画是指在作品播放时支持事件响应和交互功能的一种动画，也就是说，动画播放时能够受到某种控制，而不是像普通动画一样从头到尾进行播放。这种控制可以是动画播放者的操作，比如说触发某个事件，也可以在动画制作时预先设的某种变化的按钮事件。

6.2 动作面板

在 Flash CS5 中，可以通过动作面板来创建与编辑脚本。一旦在关键帧，按钮或者是影片剪辑上附加了一个脚本，就可以创建所需要的交互动作了。"动作"面板还可以帮助选择，拖放，重新安排以及删除动作。

选择"窗口"/"动作"命令即可打开动作面板，如图 6-1 所示。

图 6-1 "动作"面板

默认条件下，激活的动作面板为帧的动作面板。在舞台上选择按钮或影片剪辑，激活"动作"面板，这时"动作"面板的标题就会随着所选择的内容而发生改变，以反映当前选择。

读者需要注意的是，如果选择的脚本版本是 ActionScript 3.0，则只能在帧上或外部文件中编写脚本。添加脚本时，Flash CS5 将自动添加一个名为 Action 的图层。

6.2.1 使用动作面板

在 Flash CS5 里，可以通过"动作"面板中选择项目创建脚本，也可单击"将新项目添加到脚本中"按钮，从弹出的菜单中选择动作。"动作"面板把项目分为几个类别，例如动作，属性和对象等，还提供了一个按字母顺序排列所有项目的索引。当双击项目时，它将被添加到面板右侧的脚本窗格中，也可以直接单击并拖动项目到脚本窗格中。

也可以直接在"动作"面板右侧的脚本窗格中编辑动作脚本，这和用户在文本编辑器中创建脚本十分相似。还可以通过"动作"面板来查找和替换文本，查看脚本的行号、检查语法错误、自动设定代码格式并用代码提示来完成语法。

在 Flash CS5 的"动作"面板中提供了一种辅助模式，即脚本助手。脚本助手可以提示正确变量及其他脚本语言构造帮助用户生成脚本。即使不深入了解 ActionScript，也能很轻松地创建脚本。

此外，Flash CS5 针对设计人员增强了代码易用性方面的功能，新增了代码片断库。单击"动作"面板右上角的"代码片断"按钮，即可弹出"代码片断"面板。Flash CS5 代码片断库通过将预建代码注入项目，可以让用户更快更高效地生成和学习 Actionscript 代码。

使用"动作"面板添加动作的步骤如下：

01 单击"动作"面板中的某个类别，显示该类别中的动作。

02 双击选中的动作，或者将其拖放到脚本窗格中，即可在脚本窗格中添加该动作。

使用"代码片断"面板可以将 Flash 预置的代码块便捷地添加到对象或时间轴帧，步骤如下：

01 选择舞台上的对象或时间轴中的帧。

如果选择的对象不是元件实例或 TLF 文本对象，当应用代码片断时，Flash 会将该对象转换为影片剪辑元件。如果选择的对象还没有实例名称，Flash 在应用代码片断时会自动为对象添加一个实例名称。

02 执行"窗口"/"代码片断"菜单命令，或单击"动作"面板右上角的"代码片断"图标按钮，打开"代码片断"面板。

03 双击要应用的代码片断，可将相应的代码添加到脚本窗格之中，如图 6-2 所示。

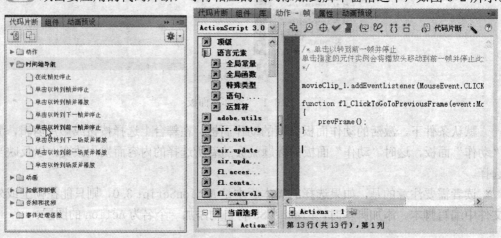

图 6-2 利用"代码片断"面板添加代码

04 在"动作"面板中，查看新添加代码并根据片断开头的说明替换任何必要的项。

6.2.2 使用动作面板选项菜单

在动作面板中，单击右上角的"▤"按钮，将打开"动作"面板选项菜单。下面具体

介绍这些命令:

- 重新加载代码提示:通过编写自定义方法来自定义"脚本助手"模式,可以重新加载代码提示,而无需重启 Flash CS5。
- 固定脚本:选择这个命令将会锁定当前编辑的脚本。当舞台中有多个动作需要编辑时,固定的脚本将一直存在脚本窗格里。
- 关闭脚本:解除对脚本的锁定,选择这个命令将关闭当前编辑的脚本。
- 转到行:选择这个命令后,在打开的"转到行"对话框中输入跳转到的语句行,确定后就可以在"脚本"窗格中找到并加亮显示指定的行。
- 查找和替换:选择这个命令可快速定位到要查找的字符串。
- 再次查找:重复查找在"查找和替换"工具中输入的最后一个搜索字符串。
- 自动套用格式:选择这个命令后可以使用设置的格式来规范输入的脚本。
- 语法检查:通过这个命令,可以检查添加到脚本窗格中的语句是否正确。如果语法错误,则会显示一个输出错误的对话框。
- 显示代码提示:通过这个命令可以在输入脚本代码时显示代码提示。
- 导入脚本:可以将外部文件编辑器创建好的脚本文件导入到脚本窗格中。
- 导出脚本:可将脚本窗格中添加的动作语句作为文件输出。
- 脚本助手:切换到脚本助手模式,如图 6-3 所示。
- Esc 快捷键:快速将常见的语言元素和语法结构输入到脚本中。例如,在脚本窗格中按 Esc + g + p 时,gotoAndPlay() 函数将插入到脚本中。选择该选项后,所有可用的 ESC 快捷键都会出现在"动作"面板中。
- 隐藏字符 :查看脚本中的隐藏字符。隐藏的字符有空格、制表符和换行符。
- 行号:在脚本窗格中显示或隐藏语句的行编号。Flash CS5 默认显示行号。
- 自动换行:可以使输入的动作语句自动进行换行操作。
- 首选参数:在"首选参数"对话框里对脚本文本,语法颜色等选项的设置。
- 帮助:激活帮助面板。它可以帮助解决在编辑过程中遇到的困难。

图 6-3　脚本助手模式

6.2.3　设置动作面板

可以通过设置动作面板的工作参数,来改变脚本窗格中的脚本编辑风格。要设置动作面板的参数,可以执行如下操作:

01 从"动作"面板的选项菜单中选择"首选参数"命令。或选择"编辑"/"首选参数"命令，然后单击"ActionScript"选项卡，如图 6-4 所示。

02 在弹出的"首选参数"对话框里设置以下任意首选参数：

- 编辑：选择"自动缩进"会在脚本窗格中自动缩进动作脚本，在"制表符大小"框中输入一个整数可设置专家模式的缩进制表符大小（默认值是 4）。在编辑模式下，选择"代码提示"可打开语法、方法和事件的完成提示。移动"延迟"滑块来设置在显示代码提示之前 Flash 等待的时间量（以秒为单位），默认是 0。
- 字体：从弹出菜单中选择字体和大小来更改脚本窗格中文本的外观。

使用动态字体映射：检查以确保所选的字体系列具有呈现每个字符所必需的字型。如果没有，Flash 会替换上一个包含必需字符的字体系列。

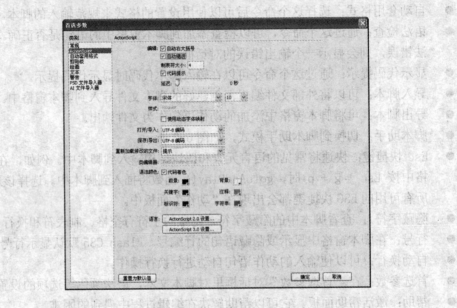

图 6-4　首选参数对话框

- 编码：指定打开、保存、导入和导出 ActionScript 文件时使用的字符编码。
- 重新加载修改的文件：设置何时查看有关脚本文件是否修改、移动或删除的警告。"总是"表示发现更改时不显示警告，自动重新加载文件；"从不"表示发现更改时不显示警告，文件保留当前状态；"提示"表示发现更改时显示警告，可以选择是否重新加载文件。该选项为默认选项。
- 语法颜色：请选择脚本窗格的前景色和背景色，并选择关键字（例如 new、if、while 和 on）、内置标识符（例如 play、stop 和 gotoAndPlay）、注释以及字符串的颜色。
- 语言：打开 ActionScript 设置对话框。

6.3 为对象添加动作

在 Flash CS5 中，可以使用"动作"面板为帧，按钮以及影片剪辑添加动作。

需要说明的是，在ActionScript 1.0 和 ActionScript 2.0 中，可以在时间轴上写代码，也可以在选中的对象如按钮或是影片剪辑上写代码。而在 ActionScript 3.0 中，代码只能被写在时间轴上，或外部类文件中。当在时间轴上书写ActionScript 3.0 代码时，Flash 将自动新建一个名为 Action 的图层。本书不作特别说明，所提到的 ActionScript 指 ActionScript 3.0 以下的版本。

6.3.1 为帧添加动作

在 Flash CS5 影片中，要使影片在播放到时间轴中的某一帧时执行某项动作，可以为该关键帧添加一项动作。使用动作面板添加帧动作的步骤如下：

01 在时间轴中选择需要添加动作的关键帧。

02 在动作面板的工具箱里选择需要添加的动作，然后将其添加到脚本窗格中去。

03 在脚本窗格中，根据需要编辑输入的动作语句。

04 重复步骤2和3，直到添加完全部的动作。此时，在时间轴中所添加了动作的关键帧上就会显示一个小 a，如图 6-5 所示。

图 6-5　为帧添加动作

6.3.2 为按钮添加动作

在影片中，如果鼠标在单击或者滑过按钮时让影片执行某个动作，可以为按钮添加动作。在 Flash 中，必须将动作添加给按钮元件的一个实例，而该元件的其他实例将不会受到影响。为按钮添加动作的方法与为帧添加动作的方法相同，但是，为按钮添加动作时，必须将动作嵌套在 on 处理函数中，并添加触发该动作的鼠标或键盘事件。将"on"处理函数拖放到脚本窗格中后，在弹出的下拉列表里选择一个事件即可。

01 选择一个按钮，选择"窗口"/"动作"命令打开动作面板。

02 执行以下操作之一，为按钮指定动作：

● 单击"动作"面板中的文件夹，双击某个动作将其添加到脚本窗格中。

● 把动作从"动作"面板拖到脚本窗格中。

● 单击添加(+)按钮，然后从弹出菜单中选择一项动作。

03 在面板顶部的参数文本框中，根据需要输入动作的参数。

04 重复步骤2和步骤3，根据需要指定其他动作。

6.3.3 为影片剪辑添加动作

通过为影片剪辑添加动作，可在影片剪辑加载或者接收到数据时让影片执行动作。必须将动作添加给影片剪辑的一个实例,而元件的其他实例不受影响。

可以使用为帧,按钮添加动作的方法来为影片剪辑添加动作。此时必须将动作嵌套在 onClipEvent 处理函数中,并添加触发该动作的剪辑事件。将 onClipEvent 处理函数拖入脚本窗格之后,可以从弹出的下拉列表里选择相应的事件,如图 6-6 所示。

一旦指定了一项动作,即可以通过"控制"/"测试电影"命令测试影片是否工作。

图 6-6　为影片剪辑添加动作

6.4　创建交互操作

在简单的动画中,Flash CS5 按顺序播放影片中的场景和帧。在交互式影片中,观众可以用键盘和鼠标跳到影片中的不同部分、移动对象、在表单中输入信息,以及其他交互操作。

使用动作脚本可以创建脚本来通知 Flash 在发生某个事件时应该执行什么动作。脚本可以由单一动作组成,如指示影片停止播放的操作;也可以由一系列动作组成,如先计算条件,再执行动作。许多动作都很简单,不过是创建一些影片的基本控件。其他一些动作要求创作人员熟悉编程语言,主要用于高级开发。

📖6.4.1　跳到某一帧或场景

要跳到影片中的某一特定帧或场景,可以使用 goto 动作。当影片跳到某一帧时,可以选择参数来控制是从这新的一帧播放影片,还是在这一帧停止。goto 动作在"动作"面板作为两个动作列出:gotoAndPlay 和 gotoAndStop。影片也可以跳到一个场景并播放指定的帧,或跳到下一场景或上一场景的第一帧。

01 选择要为其指定该动作的帧、按钮实例或影片剪辑实例,并打开动作面板。

02 在"动作"面板中,单击"动作"/"影片控制"类别,之后双击 goto 动作。Flash 会在脚本窗格中插入 gotoAndPlay 动作。

03 如果要在跳转后使影片继续播放,可保持参数窗格中的"转到并播放"选项(默认选项)一直处于选中状态。要在跳转后停止播放影片,可选择"转到并停止"选项。

04 在参数窗格的"场景"弹出菜单中，指定目标场景。如果选择当前场景或已命名的一个场景，则必须为播放头提供要跳转到的帧。

05 在参数窗格的"类型"弹出菜单中，选择一个目标帧。"帧号"、"帧标签"或"表达式"都可用于指定帧。

06 如果在上一步中选择了"帧号"、"帧标签"或"表达式"，则在"帧"参数框中输入帧号、帧标签，或者输入可以计算出帧号或帧标签的表达式。

例如：下面的动作将播放头跳到第 50 帧，然后从那里继续播放：

gotoAndPlay(50);

下面的动作将播放头跳到该动作所在的帧之前的第五帧：

gotoAndStop(_currentframe +5);

6.4.2 播放/停止影片

除非另有命令指示，否则影片一旦开始播放，它就要把时间轴上的每一帧从头播放到尾。可以通过使用 play 和 stop 动作来控制主时间轴，或任意影片剪辑或已加载影片的时间轴。要控制的影片剪辑必须有一个实例名称，而且必须显示在时间轴上。

01 选择要为其指定动作的帧、按钮实例或影片剪辑实例。

02 在"动作"面板中单击"动作"/"影片控制"类别，选择 stop 或 play 动作。

如果该动作附加到某一帧上，那么脚本窗格中将出现如下代码：

stop();

如果该动作附加到某一按钮上，那么该动作会被自动包含在处理函数 on (mouse event) 内，如下所示：

on (release) {
play();
}

如果动作附加到某个影片剪辑中，那么该动作会被自动包含在处理函数 onClipEvent 内，如下所示：

onClipEvent (load) {
stop();
}

注意：动作后面的空括号表明该动作不带参数。

6.4.3 跳到不同的 URL

要在浏览器窗口中打开网页，或将数据传递到所定义 URL 处的另一个应用程序，可以使用 getURL 动作。例如，可以有一个链接到新 Web 站点的按钮，或者可以将数据发送到 CGI 脚本，以便如同在 HTML 表单中一样处理数据。

在下面的步骤中，请求的文件必须位于指定的位置，并且绝对 URL 必须有一个网络连接（例如 http://www.myserver.com/）。

01 选择要为其指定动作的帧、按钮实例或影片剪辑实例。

02 在"动作"面板中，单击"动作"/"浏览器/网络"类别，之后双击 getURL 动作。

03 在参数窗格中遵循以下指导原则，输入要从中获得文档或将数据发送到其中的 URL：

● 使用相对路径，如 ourpages.html，或绝对路径，例如：http://www.flashmx. com/ourpages page.html。

相对路径可以描述一个文件相对于另一个文件的位置。绝对路径就是指定文件所在服务器的名称、路径和文件本身名称的完整地址。

● 如果根据表达式值获取 URL，选择"表达式"，然后输入计算 URL 位置的表达式。例如，下面的语句表明 URL 是变量 dynamicURL 的值：

getURL(dynamicURL);

04 对于"窗口"，指定要在其中加载文档的窗口或 HTML 帧。

● _self：指定当前窗口中的当前帧。
● _blank：指定一个新窗口。
● _parent：指定当前帧的父级。
● _top：指定当前窗口中的顶级帧。

05 对于"变量"，选择一种方法将已加载影片的变量发送到"URL"文本框中列出的位置上。

● 选择"用 Get 方式发送"将数量较少的变量附加到 URL 的末尾。例如，用此选项将 Flash 影片中的变量值发送到一个服务端脚本中。
● 当单独标题中的字符串很长时，可选择"用 Post 方式发送"将变量和 URL 分开发送；这可以发送更多的变量，并且可以将从表单收集到的信息张贴到服务器的 CGI 脚本上。
● 选择"不发送"可阻止变量的传递。

代码将与下面这行代码相似：

getUrl ("page2.html","blank");

getURL 动作将 HTML 文件 page2.html 加载入一个新的浏览器窗口中。

6.5 交互动画的应用

6.5.1 隐藏的鼠标

01 打开 Flash CS5 软件，新建一个 ActionScript 2.0 文件。选择"插入"/"新建元件"命令建立一个名为 ball 的影片剪辑。

02 选择椭圆绘制工具，在舞台上绘制一个椭圆，选择第 40 帧，按 F6 键加入关键帧。在该帧移动图形的位置。选中 1～40 帧之间的任意一帧，点击鼠标右键，在弹出的上下文菜单中选择"创建传统补间"命令，创建一个传统补间动画。

03 点击"场景 1"按钮回到主界面，选择"窗口"/"库"命令调出"库"面板，拖动库中的影片剪辑到主界面的第1帧。选择"窗口"/"动作"命令调出"动作"面板。

04 点选主界面第1帧中的影片剪辑对其进行动作编辑。在动作面板中选择"全局函数"/"影片剪辑控制"/"OnClipEvent"/"Load"选项,添加鼠标点击事件。

05 选择"对象"/"影片"/"Mouse"/"方法"/"hide"选项,将鼠标的隐藏命令添加到命令行中。此时脚本窗格中的命令行如图6-7所示。

06 选择"控制"/"播放"观看播放效果。移动鼠标,发现在Flash播放视图上鼠标已经被隐藏了。

```
1  onClipEvent (load) {
2  Mouse.hide();
3  }
4
```

图6-7 脚本

📖6.5.2 获取键盘信息

01 仍然使用上例提供的影片剪辑。创建一个ActionScript 3.0的Flash文件,将该影片剪辑拖放到该文件的第1帧。

02 点击第1帧,并选择该元件实例。打开"代码片断"面板,双击"事件处理函数"类别下的"Key Pressed事件",在脚本窗格中添加如下代码:

```
/* Key Pressed 事件
按键盘任一键时,执行以下定义的函数 fl_KeyboardDownHandler。
*/

stage.addEventListener(KeyboardEvent.KEY_DOWN, fl_KeyboardDownHandler);

function fl_KeyboardDownHandler(event:KeyboardEvent):void
{
    // 此示例代码在"输出"面板中显示"已按键控代码:"和按下键的键控代码。
    trace("已按键控代码: " + event.keyCode);
}
```

03 选择"控制"/"测试影片"观看动画效果,按键盘上的键,会发现在输出视图上会有返回的值进行输出。

📖6.5.3 用键盘控制的动画

01 接着上一个例子,在时间轴上的第二帧按F6键,添加关键帧。

02 在第二帧,从库面板中拖放一个影片剪辑实例到舞台。

03 选中Action图层的第1帧,并切换到"动作"面板,在原有的处理函数中添加如下的条件判断语句:

```
if(event.keyCode == 32){
    nextFrame();
}
```

其中，32 是空格的 ASCII 码值。

04 执行"控制"/"测试影片"命令观看播放效果。当按下键盘上的空格键时，影片将播放第二个影片剪辑实例。

6.5.4 音量控制按钮

01 新建一个 ActionScript 2.0 的 Flash 文档，选择"插入"/"新建元件"命令创建一个按钮元件。

02 按照本书前面章节所介绍的方法创建一个按钮，效果如图 6-8 所示。

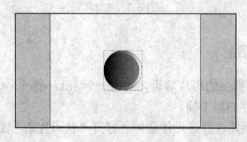

图 6-8 按钮效果图

03 返回主场景，从库面板中将其拖到舞台上，然后选择该按钮实例，执行"插入"/"转换为元件"命令，将该按钮实例转换为影片剪辑。

04 选择该按钮实例，在动作编辑窗口中输入如下的程序代码：

```
on(press){
    startDrag("",false,left,top,right,bottom);
    dragging=true;
}
on(release, releaseOutside){
    stopDrag();
    dragging=false;
}
```

05 切换到影片剪辑的编辑窗口，在动作编辑窗口中输入如下的程序代码：

```
onClipEvent(load){
    top=_y;
    left=_x;
    right=_x;
    bottom=_y+100;
}

onClipEvent(enterFrame){
    if(dragging==true){
        _root.setVolume(100-(_y-top));
    }
}
```

06 选择"控制"/"测试影片"命令观看最后效果。

6.5.5 控制声音播放

01 新建一个 ActionScript 2.0 Flash 文档，选择"插入"/"新建元件"命令创建一个图形元件，"名称"设为"0"。用椭圆绘制工具在界面上绘制一个淡蓝色的圆形。

02 选择"插入"/"新建元件"命令创建一个名为0的影片剪辑。从库面板中把0图形元件拖到舞台中心。然后在第30帧按F6键插入关键帧。

03 选择"插入"/"图层"命令新建一个图层。从库面板中把0图形元件拖放到界面的中心。在第7帧增加关键帧。选择调整工具，将图形放大，并设置Alapha值为0。效果如图6-9所示。

04 右键点击17帧的任意一帧，在弹出的上下文菜单中选择"创建传统补间"命令，完成该层的动画创作。

05 选择"插入"/"新建元件"命令创建一个名为"音乐关"的按钮元件。在按钮的四个状态插入关键帧。并用颜色调整工具，调整"按下"和"点击"状态的图形颜色为深色。

06 选择"插入"/"图层"命令新建一个图层。在"弹起"和"点击"状态分别绘制一个黑色的矩形。效果如图6-10所示。

07 选择"插入"/"新建元件"命令创建一个名为"音乐开"的按钮元件。在按钮的4个状态插入关键帧。并用颜色调整工具，调整"按下"和"点击"状态的图形颜色为深色。

08 新建一个图层。在"弹起"和"点击"状态分别绘制一个黄色的三角形。效果如图6-11所示。

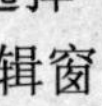

图6-9　虚化效果图 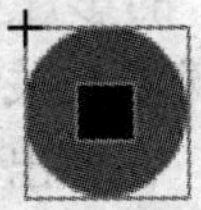　　　　图6-10　开关关的效果图 　　　图6-11　开关开的效果图

09 选择"插入"/"新建元件"命令创建一个名为"音乐开关"的按钮元件。在按钮元件的编辑窗口中，把"音乐关"元件拖到第1帧。并在动作面板中输入"stop（）；"语句；把"音乐开"按钮实例拖到第2帧。此时第2帧的位置出现红色的小旗，这说明完成该部分的设定。

10 点击第1帧中的实例，在脚本窗格中输入如下的程序段：

```
on (release) {
    tellTarget ("../sound") {
        stopAllSounds();
        gotoAndPlay("start");
    }
    gotoAndStop("playit");
}
```

11 点击第 2 帧中的实例，在脚本窗格中输入如下的程序段：

```
on (release) {
    tellTarget ("../sound") {
        gotoAndPlay("playing");
    }
    gotoAndStop("stopit");
}
```

12 选择"文件"/"导入"导入一个声音文件。

13 分别在"音乐控制"元件的第 2 帧的属性面板中选择该声音文件。

14 选择"插入"/"新建元件"命令创建一个名为"音乐控制"的影片剪辑。

15 选中影片剪辑的第 1 帧，在脚本窗格中输入"gotoAndStop("end");"，选中第 3 帧，在脚本窗格中输入"gotoAndStop("播放 ing");"在第 2 帧和第 4 帧添加关键帧。

16 返回主场景。从库面板中把"音乐控制"元件和"音乐开关"元件拖放到舞台上。

17 新建一个图层。点击该层第 1 帧，在脚本窗格中输入如下语句段。然后在该层添加该声音文件。

```
tellTarget ("/sound") {
    gotoAndStop("Playing");
}
```

18 保存文件，并执行"控制"/"测试影片"命令测试影片效果。

6.5.6 闪亮的星光

01 新建一个 ActionScript 2.0 Flash 文档，选择"插入"/"新建元件"命令创建一个名为 blue 的图形元件。在元件编辑窗口中，用椭圆绘制工具在舞台上绘制一个圆形，选择颜色填充工具进行颜色填充，选择的颜色为蓝白渐变色，效果如图 6-12 所示。

02 新建一个名为"blue-movie"的影片剪辑。把刚才制作的"blue"元件拖放到该界面的第 1 帧。选择第 8 帧，按 F6 键添加关键帧。并在该帧把这个元件缩小，并向下移。右键点击 1~8 帧之间的任意 1 帧，在弹出的上下文菜单中选择"创建传统补间"命令，创建传统补间动画。点击第 10 帧，按 F6 键插入关键帧。使这段时间的动画保持不变。

03 新建一个名为 red 的图形元件。在元件编辑窗口中，绘制一个类似于"blue"的圆形，填充色为红色。

04 类似第 2 步，创建影片剪辑"red-movie"。

05 新建名为 With Flash 的图形元件。选择文本工具在舞台上输入"With Flash"，选择颜色填充工具进行颜色填充，选择的颜色为黑绿渐变色，效果如图 6-13 所示。

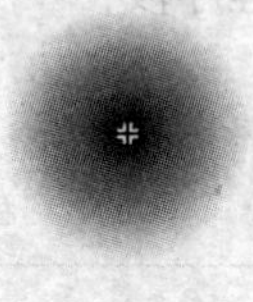

图 6-12 "blue"元件效果图    图 6-13 "With Flash"效果图

06 返回主场景，从库面板中将"With Flash"元件拖放到舞台上。添加新的图层。

将 "red-movie" 和 "blue-movie" 拖到新的图层的第 1 帧。效果如图 6-14 所示。

07 在该帧的脚本窗格中添加如下的命令：

```
Loopie1 = Number(random(7))+1;
while (Number(Loopie1)<=7) {
    Loopie1 = Number(Loopie1)+1;
    Scale = Number(random(50))+1;
    setProperty("/gnist1", _x, Number(random(550))+1);
    setProperty("/gnist1", _rotation, Number(random(360))+1);
    setProperty("/gnist1", _xscale, Scale);
    setProperty("/gnist1", _yscale, Scale);
    setProperty("/gnist1", _y, Number(random(400))+1);
    n = Number(n)+1;
    bn = "gnist1" add n;
    duplicateMovieClip("gnist1", bn, n);
    set(bn add ":n", n);
}
Loopie1 = "0";
Loopie2 = Number(random(7))+1;
while (Number(Loopie2)<=7) {
    Loopie2 = Number(Loopie2)+1;
    Scale = Number(random(50))+1;
    setProperty("/gnist2", _x, Number(random(550))+1);
    setProperty("/gnist2", _rotation, Number(random(360))+1);
    setProperty("/gnist2", _xscale, Scale);
    setProperty("/gnist2", _yscale, Scale);
    setProperty("/gnist2", _y, Number(random(400))+1);
    n = Number(n)+1;
    bn = "gnist2" add n;
    duplicateMovieClip("gnist2", bn, n);
    set(bn add ":n", n);
}
Loopie2 = "0";
```

08 选择 "控制" / "测试影片" 命令查看最后效果。其中的效果图如图 6-15 所示。

图 6-14　舞台上的实例　　　　　　　图 6-15　动画的效果图

6.5.7　蝴蝶的翅膀

01 新建一个 ActionScript 3.0 Flash 文档，选择 "插入" / "新建元件" 命令创建一个名为 1/4wing 的图形元件。使用绘图工具绘制一个如图 6-16 所示的蝴蝶翅膀。

02 新建一个名为 3/4wing 的图形元件。绘制一个如图 6-17 所示的蝴蝶翅膀。

03 新建一个名为 wing 的图形元件。绘制一个如图 6-18 所示的蝴蝶翅膀。

图 6-16　1/4 蝴蝶翅膀效果图　　　图 6-17　3/4 蝴蝶翅膀效果图　　　图 6-18　蝴蝶翅膀效果图

04 新建一个名为 body 的图形元件。绘制一个如图 6-19 所示的蝴蝶的身体。

图 6-19　蝴蝶的身体

05 新建一个名为 butterfly 的影片剪辑。将绘制好的 3 个元件拖放到界面的第一帧，调整其位置，使其如图 6-20 所示。

06 点击第 2 帧，按 F6 键添加关键帧。并在该帧调整翅膀元件和身体元件的位置，调整成如图 6-21 所示的效果。

图 6-20　翅膀的组合　　　　　　　　　图 6-21　翅膀的效果

07 按这个方法从第 3 帧开始，逐帧设置该动画，一直到第 8 帧，效果图如图 6-22 所示。

图 6-22　蝴蝶的逐帧效果图

08 新建一个名为 Round red 的按钮元件。绘制一个如图 6-23 所示的圆形按钮，分别代表圆形按钮的弹起、按下、指针经过、点击 4 种状态。

图 6-23　红色按钮四种状态

09 用同样的方法制作一个"Round green"按钮元件，其 4 种状态效果如图 6-24

所示。

图 6-24 绿色按钮 4 种状态

10 返回主场景进行交互性动画的编辑。按照如图 6-25 所示的位置把 "butterfly"
影片剪辑、"button green" 按钮元件、"button red" 按钮元件拖到相应的位置上。选中
影片剪辑实例,在属性面板上将其命名为 butterfly_mc。选中按钮实例,分别在属性面板
上将其命名为 stopbutton 和 startbutton。然后用文本工具输入文本。

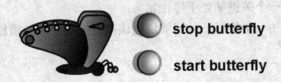

stop butterfly

start butterfly

图 6-25 按钮位置图

11 选择红色按钮实例,打开 "代码片断" 面板,双击 "事件处理函数" 分类下的
"Mouse Click 事件"。切换到 "动作" 面板,在脚本编辑区删除示例代码,然后输入如下
代码:

```
Butterfly_mc.stop();
```

12 选择绿色按钮,按照第 **11** 步中的方法添加脚本。然后在 "动作" 面板的脚本
编辑区输入如下代码:

```
Butterfly_mc.play();
```

此时,"动作" 面板的脚本编辑区中的代码如下所示:

```
/* stopbutton 的 Mouse Click 事件*/
stopbutton.addEventListener(MouseEvent.CLICK, fl_MouseClickHandler);
function fl_MouseClickHandler(event:MouseEvent):void
{
    butterfly_mc.stop();
}

/* startbutton 的 Mouse Click 事件*/
startbutton.addEventListener(MouseEvent.CLICK, fl_MouseClickHandler_2);
function fl_MouseClickHandler_2(event:MouseEvent):void
{
    butterfly_mc.play();
}
```

13 选择 "控制" / "测试影片" 命令观看动画效果。

6.6 本章小结

本章主要介绍了 "动作" 面板的组成以及 "动作" 面板及其选项菜单的使用方法,有

了"动作"面板，可以为帧，按钮和影片剪辑添加动作，还可以通过"goto"、"play"、"stop"和"getURL"等命令，控制时间轴上的播放，并将新的网页加载到浏览器窗口中，这些都是创作交互动画所必需的基础知识，希望读者能够熟练掌握它们。

6.7 思考与练习

1．交互的基本概念是什么？

2．"动作"面板由哪几部分组成？简述如何使用"动作"面板撰写脚本。

3．在 Flash CS5 中如何为帧，按钮以及影片剪辑添加动作？

4．如何通过基本动作，控制时间轴上的播放，并将新的网页加载到浏览器窗口中？

5．自己创建一个简单的动画，使其满足以下条件：

（1）该动画在第一个关键帧处于停止状态；

（2）在动画中添加一个按钮，并能够通过该按钮控制动画的播放。

第 7 章

滤镜和混合模式

本章主要介绍 Flash CS5 新增的滤镜和混合模式这两项重要的功能。通过使用滤镜，可以为文本、按钮和影片剪辑增添许多自然界中常见的视觉效果。使用混合模式，可以改变两个或两个以上重叠对象的透明度或者颜色，从而创造具有独特效果的复合图像。

学 习 要 点

◎ 使用滤镜

◎ 使用混合模式

7.1 滤镜

使用过 Photoshop 等图形图像处理软件的用户一定了解"滤镜"。所谓滤镜，就是具有图像处理能力的过滤器。通过滤镜对图像进行处理，可以生成新的图像。

滤镜是扩展图像处理能力的主要手段。滤镜功能大大增强了 Flash 的设计能力，可以为文本、按钮和影片剪辑增添有趣的视觉效果。Flash 所独有的一个功能是可以使用补间动画让应用的滤镜活动起来。不但如此，Flash 还支持从 Fireworks PNG 文件中导入可修改的滤镜。

应用滤镜后，可以随时改变其选项，或者重新调整滤镜顺序以试验组合效果。在"滤镜"检查器中，还可以启用、禁用或者删除滤镜。Flash CS5 中提供了 7 种滤镜，如图 7-1 所示。

使用这些滤镜，可以完成很多常见的设计处理工作，以丰富对象的显示效果。Flash 允许按照需要对滤镜进行编辑，或删除不需要的滤镜。当修改已经应用了滤镜的对象时，应用到对象上的滤镜会自动适应新对象。例如，在图 7-2 中，左边的图是应用了"投影"的原始图，中间的图显示为应用了"发光"后的情形；右边的图显示应用了"调整颜色"后的情形。可以看到，在对对象进行修改后，滤镜会根据修改后的结果重新进行绘制，以确保图形图像的显示正确。

图 7-1　滤镜选项

图 7-2　滤镜效果

有了上面这些特性，意味着以后在 Flash 中制作丰富的页面效果会更加方便，无需为了一个简单的效果进行多个对象的叠加，或启动 Photoshop 之类的庞然大物了。更让人欣喜的是这些效果还保持着矢量的特性。

注意：Flash CS5 中，滤镜只适用于文本、影片剪辑和按钮。

7.1.1　滤镜的基本操作

1. 在对象上应用滤镜

通常，使用滤镜处理对象时，可以直接从 Flash CS5 的"滤镜"检查器中选择需要的滤镜。基本步骤如下：

图7-3　所用滤镜列表

01 选中要应用滤镜的对象，可以是文本、影片剪辑或按钮。

02 在属性面板中单击"滤镜"折叠按钮，打开"滤镜"面板，单击面板左下角的"添加滤镜"按钮，打开滤镜菜单。

03 选中需要的滤镜选项，打开不同效果的参数设置对话框。

04 设置完参数后单击文档的其他区域。完成效果设置。此时，"滤镜"下方将显示所用滤镜的名称，如图7-3所示。

05 单击"添加滤镜"按钮，打开滤镜菜单。通过添加新的滤镜，可以实现多种效果作用重叠。

注意： 应用于对象的滤镜类型、数量和质量会影响 SWF 文件的播放性能。对于一个给定对象，建议只应用有限数量的滤镜。

2．删除应用于对象的滤镜

删除已应用到对象的滤镜的操作如下：

01 选中要删除滤镜的影片剪辑、按钮或文本对象。

02 在滤镜列表中选中要删除的滤镜名称。

03 单击滤镜面板底部的"删除滤镜"按钮。若要从所选对象中删除全部滤镜，在滤镜菜单中选择"删除全部"命令。

3．改变滤镜的应用顺序

对对象应用多个滤镜时，各滤镜的应用顺序不同，产生的效果可能也不同。通常在对象上先应用那些可以改变对象内部外观的滤镜，如斜角滤镜，然后再应用那些改变对象外部外观的滤镜，如调整颜色、发光滤镜或投影滤镜等。

改变滤镜应用到对象上的顺序的具体操作如下：

01 在滤镜列表中单击希望改变应用顺序的滤镜名。选中的滤镜将高亮显示。

02 在滤镜列表中拖动被选中的滤镜到需要的位置上。

注意： 列表顶部的滤镜比底部的滤镜先应用。

4．编辑单个滤镜

如果应用滤镜后的效果不满足设计的需要，可以对滤镜的参数进行修改。具体操作如下：

01 单击编辑列表中的需要编辑的滤镜名，滤镜面板上将显示该滤镜相关的选项。

02 根据需要设置选项中的参数。

5．禁止和恢复滤镜

如果在对象上应用了滤镜，修改对象时，系统会对滤镜进行重绘。如果应用到对象上的滤镜较多较复杂，修改对象后，重绘操作可能占用很多计算机时间。同样，在打开这类文件时也会变得很慢。

很多有经验的用户在设计图像时并不立刻将滤镜应用到对象上。通常是在一个很小的对象上应用各种滤镜，并查看效果，当设置满意后，将滤镜临时禁用，然后对对象进行修改，修改完毕后再重新激活滤镜，获得最后的结果。

临时禁止和恢复滤镜的具体操作步骤如下：

01 在滤镜列表中单击要禁用的滤镜名称前的 图标，此时，滤镜名称前显示 ✕。

02 如果要禁用应用于对象的全部滤镜，在滤镜菜单中选择"禁用全部"。

03 单击 ✕，恢复滤镜。在滤镜菜单中选择"启用全部"可恢复禁用的全部滤镜。

6．复制和粘贴滤镜

利用 Flash CS5 的复制和粘贴滤镜功能，这个问题就简化多了，只需要简单的复制、粘贴操作即可将某个对象的全部或部分滤镜设置应用到其他对象。具体操作如下：

01 在舞台上选择要从中复制滤镜的对象，然后打开"滤镜"面板。

02 选择要复制的滤镜，然后单击滤镜面板底部的剪贴板按钮，从其弹出的菜单中选择"复制所选"命令。如果要复制所有应用的滤镜，则选择"复制全部"命令。

03 在舞台上选择要应用滤镜的对象，然后单击滤镜面板底部的剪贴板按钮，从其弹出的菜单中选择"粘贴"命令。

7.1.2　预设滤镜

如果希望将同一个滤镜或一组滤镜应用到其他多个对象，可以将编辑好的滤镜或滤镜组保存为预设滤镜，以备日后使用。创建预设滤镜的具体操作如下：

01 单击滤镜面板底部的"添加滤镜"按钮，打开滤镜添加菜单。

02 选择"预设"/"另存为"命令。

03 在打开的〖将预设另存为〗对话框中键入预设名称。

04 单击"确定"。此时，"预设"子菜单上即会出现该预设滤镜。以后在其他对象上使用该滤镜时，直接单击"滤镜"/"预设"菜单中相应的滤镜名即可。

注意：将预设滤镜应用于对象时，Flash 会将当前应用于所选对象的所有滤镜替换为预设中使用的滤镜。

此外，可以在滤镜菜单中通过"预设"/"重命名"，或"预设"/"删除"命令重命名或删除预设滤镜，但不能重命名或删除标准 Flash 滤镜。

7.1.3　使用滤镜

Flash 含有 7 种滤镜，包括"投影"、"发光"、"模糊"、"斜角"、"渐变发光"、"渐变斜角"和"调整颜色"等多种效果。

1．投影

投影滤镜可模拟对象向一个表面投影的效果，或者在背景中剪出一个形似对象的洞，来模拟对象的外观。投影的选项设置如图 7-4 所示。

图 7-4　投影选项设置

- 模糊 X 和模糊 Y：阴影模糊柔化的宽度和高度。右边的 ⊛ 是限制 X 轴和 Y 轴的阴影同时柔化，去掉 ⊛ 可单独调整一个轴。模糊效果如图 7-5 所示。
- 强度：阴影暗度，效果如图 7-6 所示。

图 7-5　模糊柔化不同的投影效果

图 7-6　投影强度不同的投影效果

- 品质：阴影模糊的质量，质量越高，过渡越流畅，反之越粗糙。当然，阴影质量过高所带来的肯定是执行效率的牺牲。如果在运行速度较慢的计算机上创建回放内容，请将质量级别设置为低，以实现最佳的回放性能。
- 颜色：阴影的颜色。
- 角度：阴影相对于元件本身的方向。
- 距离：阴影相对于元件本身的远近，如图 7-7 所示，左图投影距离为 5，右图为 20。
- 挖空：挖空源对象（即从视觉上隐藏），并在挖空图像上只显示投影。如图 7-8 所示。
- 内阴影：在对象边界内应用阴影，如图 7-9 所示。
- 隐藏对象：不显示对象本身，只显示阴影，如图 7-10 所示。

2. 模糊

模糊滤镜可以柔化对象的边缘和细节。将模糊应用于对象，可以让它看起来好像位于其它对象的后面，或者使对象看起来具有动感，效果如图 7-11 所示，左图为同时柔化，右图为单独柔化，且 Y 轴模糊值加大。

图 7-7 投影距离不同的投影效果

图 7-8 挖空前后的投影效果

图 7-9 应用内阴影前后的效果

图 7-10 隐藏对象前后的效果

图 7-11 模糊 XY 效果

模糊的"品质"选项用于设置模糊的质量。设置为"高"时近似于高斯模糊。

3. 发光

发光滤镜可以为对象的边缘应用颜色，使对象周边产生光芒的效果。

● 颜色：发光颜色。

● 强度：光芒的清晰度。

● 挖空：隐藏源对象，只显示光芒，如图 7-12 所示。

● 内侧发光：在对象边界内发出光芒。

4. 斜角

斜角滤镜包括内斜角、外斜角和完全斜角 3 种效果，它们可以在 Flash 中制造三维效果，使对象看起来凸出于背景表面。根据参数设置不同，可以产生各种不同的立体效果。

Flying Flying

图 7-12　挖空效果

- 模糊 XY：设置斜角的宽度和高度。
- 强度：斜角的不透明度，如图 7-13 所示，左图斜角的强度为 100%，右图为 500%。
- 阴影：设置斜角的阴影颜色。
- 加亮：设置斜角的加亮颜色，如图 7-14 所示，阴影色为黑色，加亮色为橙色。

图 7-13　斜角强度不同的效果

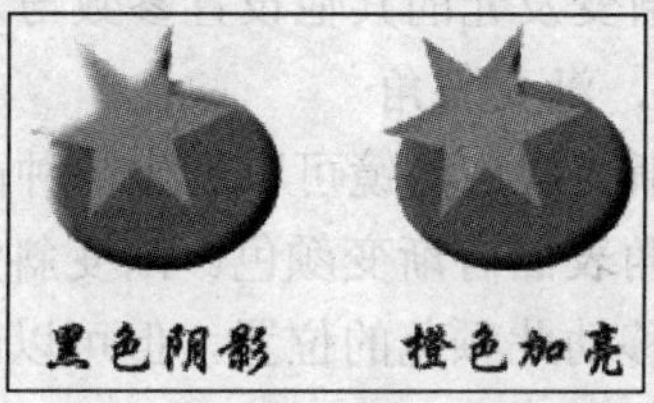

图 7-14　阴影和加亮效果

- 角度：斜边投下的阴影角度。
- 距离：斜角的宽度，如图 7-15 所示，左图距离为 5，右图为 45。
- 挖空：隐藏源对象，只显示斜角，如图 7-16 所示。

图 7-15　距离不同的效果

图 7-16　挖空的效果

- 类型：选择要应用到对象的斜角类型。可以选择内斜角、外斜角或者完全斜角。效果图分别如图 7-17 所示。

5. 渐变发光

渐变发光滤镜可以在发光表面产生带渐变颜色的光芒效果。渐变发光的选项设置如图 7-18 所示。

- 类型：选择要为对象应用的发光类型。可以选择内侧发光、外侧发光或者完全发光。发光颜色均为绿色的星形效果分别如图 7-19 所示。 
- ▨▨▨▨：指定光芒的渐变颜色。渐变包含两种或多种可相互淡入或混合的颜色。选择的渐变开始颜色称为 Alpha 颜色，该颜色的 Alpha 值为 0。无法移动此颜色的位置，但可以改变该颜色。还可以向渐变中添加颜色，最多可添加 15 个颜色指针。

图 7-18　渐变发光的选项

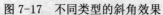

图 7-17　不同类型的斜角效果

渐变发光的其他设置参数与发光滤镜相同，在此不再赘述。

6．渐变斜角

渐变斜角滤镜可以产生一种凸起的三维效果，使得对象看起来好像从背景上凸起，且斜角表面有渐变颜色。渐变斜角要求渐变的中间有一个颜色，颜色的 Alpha 值为 0。无法移动此颜色的位置，但可以改变该颜色。渐变发光的选项设置如图 7-20 所示。

图 7-19　不同类型的渐变发光效果　　　　　　图 7-20　渐变斜角的选项

- 类型：选择要为对象应用的斜角类型。可以选择内斜角、外斜角或者完全斜角。
- ：指定斜角的渐变颜色。渐变包含两种或多种可相互淡入或混合的颜色。中间的指针控制渐变的 Alpha 颜色。可以更改 Alpha 指针的颜色，但是无法更改该颜色在渐变中的位置。

渐变斜角的其他设置参数与斜角滤镜相同，在此不再赘述。

7．调整颜色

使用"调整颜色"滤镜，可以调整所选影片剪辑、按钮或者文本对象的亮度、对比度、色相和饱和度。

- 亮度：调整图像的亮度。数值范围：-100～100。
- 对比度：调整图像的加亮、阴影及中调。数值范围：-100～100。
- 饱和度：调整颜色的强度。数值范围：-100～100。
- 色相：调整颜色的深浅。数值范围：-180～180。

● 重置：将所有的颜色调整重置为 0，使对象恢复原来的状态。

拖动要调整的颜色属性的滑块，或者在相应的文本框中输入数值，即可调整相应的值。

图 7-21 中显示了调整对象颜色的效果。第一幅为原始图，第二幅是调整了亮度的效果图，第三幅调整了饱和度，第四幅调整了色相。

图 7-21　调整颜色的效果图

技巧：如果只想将"亮度"控制应用于对象，请使用位于"属性"面板中的颜色控件。与应用滤镜相比，使用"属性"面板中的"亮度"选项，性能更高。

7.2 混合模式

在 Flash 早期的版本中，利用 flash 自带的图像编辑工具所创造的图像总感觉不够丰富，如果要设计层次感较强的图像，一般需要借助专业的图形图像工具。令广大 flasher 欣喜的是，Flash8 新增了混合模式，在 Flash 中可以自由发挥创意，制作出层次丰富、效果奇特的图像了。

混合模式就像是调酒，将多种原料混合在一起以产生更丰富的口味。至于口味的喜好、浓淡，取决于放入各种原料的多少以及调制的方法。在 Flash CS5 中，使用混合模式，可以改变两个或两个以上重叠对象的透明度或者颜色相互关系，可以混合重叠影片剪辑中的颜色，从而将普通的图形对象变形为在视觉上引人入胜的，具有独特效果的复合图像。

在 Flash CS5 中，混合模式只能应用于影片剪辑和按钮。也就是说，普通形状、位图、文字等都要先转换为影片剪辑和按钮才能使用混合模式。Flash CS5 提供了 14 种混合模式，如图 7-22 所示。

✓ 一般
图层
变暗
正片叠底
变亮
滤色
叠加
强光
增加
减去
差值
反相
Alpha
擦除

图 7-22　模式混合

若要将混合模式应用于影片剪辑或按钮，请执行以下操作：

01 选择要应用混合模式的影片剪辑实例或按钮实例。

02 在属性检查器的"显示"区域，从"混合"下拉列表中选择要应用的混合模式。

03 将带有该混合模式的影片剪辑定位到要修改外观的图形元件上。

掌握了混合模式的使用方式后，再来看看 Flash CS5 中的 14 种混合模式的功能及作用：

- 一般：正常应用颜色，不与基准颜色有相互关系。
- 图层：层叠各个影片剪辑，而不影响其颜色。
- 变暗：只替换比混合颜色亮的区域。比混合颜色暗的区域不变。
- 正片叠底：将基准颜色复合以混合颜色，从而产生较暗的颜色。
- 变亮：只替换比混合颜色暗的像素。比混合颜色亮的区域不变。
- 滤色：用基准颜色复合以混合颜色的反色，从而产生漂白效果。
- 叠加：进行色彩增值或滤色，具体情况取决于基准颜色。
- 强光：进行色彩增值或滤色，具体情况取决于混合模式颜色。该效果类似于用点光源照射对象。
- 差值：从基准颜色减去混合颜色，或者从混合颜色减去基准颜色，具体情况取决于哪个的亮度值较大。该效果类似于彩色底片。
- 反相：取基准颜色的反色。
- Alpha：应用 Alpha 遮罩层。该模式要求将图层混合模式应用于父级影片剪辑。不能将背景剪辑更改为"Alpha"并应用它，因为该对象将是不可见的。
- 擦除：删除所有基准颜色像素，包括背景图像中的基准颜色像素。该模式要求将图层混合模式应用于父级影片剪辑。不能将背景剪辑更改为"擦除"并应用它，因为该对象将是不可见的。

各种混合模式的效果如图 7-23 所示。

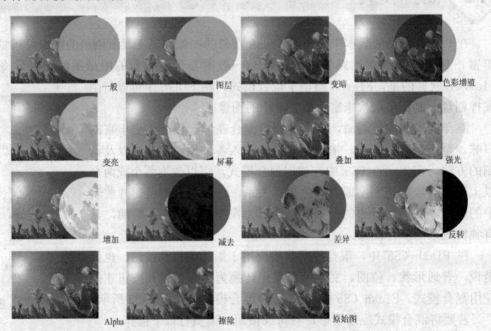

图 7-23　混合模式效果图

以上示例说明了不同的混合模式如何影响图像的外观。读者需注意的是，一种混合模式可产生的效果会很不相同，具体情况取决于基础图像的颜色和应用的混合模式的类型。因此，要调制出理想的图像效果，必须试验不同的颜色和混合模式。

7.3 本章小结

本章主要介绍了 Flash 处理对象的两种工具，滤镜和混合模式。通过这两种工具可以更充分的发挥创作者的创作力，也是 Flash 巨大魅力所在。此外，Flash 还允许将其之外的滤镜工具通过安装引入到其中，所以在一定意义上，Flash 具有不可估量的处理功能，并能同其他图形处理程序联合使用。

7.4 思考与练习

1. 简单介绍什么是滤镜和混合模式。
2. 如何导入 Fireworks 中的滤镜和混合模式到 Flash 中。
3. 使用滤镜后可以撤销吗，为什么？
4. 对图 7-24 中左边的对象进行滤镜处理，使其尽量实现右边对象的效果。

图 7-24

5. 对图 7-25 中左边的对象进行混合模式处理，使其尽量实现右边对象的效果。

图 7-25

第 **8** 章

ActionScript 基础

Actionscript 的学习既是本书的重点，也是 Flash CS5 软件学习的难点。许多 Flash 动画特效的实现都是用它来完成的，可以说 ActionScript 是 Flash CS5 软件的灵魂。任何一个 Flash 高手无一不在脚本运用方面有很深的造诣。因此在本章中，将从 ActionScript 的基础知识开始讲起，为以后的学习打基础知识。

学 习 要 点

◎ ActionScript 简介

◎ 函数和语法

◎ 事件处理函数

◎ 基本控制命令

8.1 脚本 ActionScript 简介

📖 8.1.1 ActionScript 概述

ActionScript 照英语翻译过来就是动作脚本语言。可能读者要问,什么是脚本语言?脚本语言其实是一种描述语言。按照官方的说法,ActionScritp 是 Flash 的脚本描述语言,它可以帮助用户灵活地实现 Flash 中内容与内容,内容与用户之间的交互。

Flash CS5 的创作环境中也进行了一些与 ActionScript 相关的改进,引入了一些用于表现功能的新语言元素,还引入了一些用于应用程序开发的新语言元素,使 Action Script 日趋成熟。这些增强功能使用户能够更轻松地使用 ActionScript 语言编写可靠的脚本。

📖 8.1.2 使用 ActionScript 的一个简单实例

读者不必了解很多 ActionScript 的知识就可以写一个简单的脚本。下面的这个例子演示了如何通过给一个按钮添加脚本来改变影片剪辑的可见性。

01 新建一个 ActionScript 3.0 的 Flash 文件。执行"插入"/"新建元件"命令,创建一个按钮元件,然后将其拖放到舞台上,在对应的属性面板上将其命名为 controlBT。

02 在舞台上使用绘图工具栏的椭圆工具画一个圆。选中圆,按下 F8 键将它转化为一个影片剪辑。

03 选中舞台上的影片剪辑实例。在属性面板的实例名称文本框中输入"testMC"。

04 选中舞台上的按钮实例,打开"代码片断"面板,双击"事件处理函数"类别下的"Mouse Click 事件",在脚本窗格中添加指定的代码片断。

05 选中舞台上的影片剪辑实例,打开"代码片断"面板,双击"动作"类别下的"显示对象"代码片断,在脚本窗格中添加指定的代码片断。

此时在时间轴窗口中可以看到,Flash 自动在当前图层上添加了一个名为 Action 的图层,并将添加的代码放在第一帧中。

06 切换到"动作"面板,在脚本窗格中删除鼠标单击事件函数中的示例代码,然后影片剪辑的显示对象动作代码移到鼠标单击事件处理函数中,并将影片剪辑的 visible 属性值修改为 false。此时,脚本窗格中的代码如下所示:

```
/* Mouse Click 事件
单击此指定的元件实例会执行您可在其中添加自己的自定义代码的函数。
*/
controlBT.addEventListener(MouseEvent.CLICK, fl_MouseClickHandler);
function fl_MouseClickHandler(event:MouseEvent):void
{
    /* 显示对象
显示指定的元件实例。
说明:
1. 使用此代码隐藏对象。
*/
```

```
        testMC.visible = false;
}
```

07 选择菜单命令"控制""测试影片"，单击按钮，可看到 testMC 在舞台上消失了。

在上面的这个例子中，事件就是单击之后释放鼠标键，对象就是影片剪辑的一个实例"testMC"，动作就是 testMC.visible = false。当用户单击了屏幕上的按钮，一个释放事件触发了一段脚本，而这段脚本的作用是设置 testMC 对象的 visible 属性为 false，也就是不可见。这样 testMC 对象就变的不可见了。

8.1.3 ActionScript 中的术语

ActionScript 与其他编程语言一样，具有变量、操作符、语句、函数和语法等基本编程要素。在结构和语法上和 JavaScript 非常相似，下面介绍 ActionScript 中的常用术语。

- Actions：当电影在播放时，发出的命令声明。例如，"gotoAndStop"表示到指定帧然后停止。
- Arguments：通过它可以传递数据给某个函数。
- Class：指定的对象类型。
- Constants：数值不变的数据类型。
- Constructor：用来定义类的属性和动作。
- Data Types：指一系列的数据。可以是整型，也可以是字符型的。
- Handlers：控制事件的专门动作。
- Identifiers：用户给对象、函数、动作等设定的名称。首字符必须是字母、下划线或者是"$"，后面的字符必须是字母、数字、下划线或者是"$"
- Instances：指对应于一个确定类的实例或是对象。
- Instance Name：给实例的名称，通过名称，可以判定该实例的属性。
- Keywords：关键字。
- Methods：对一个对象指定动作的函数。
- Objects：所有属性的体现者，作为每一个对象都有它自己的名称和数值。
- Operators：用来计算的符号。
- Target Paths：目标路径，确定符号实例位置的方法。
- Properties：用来定义一个对象的参数。
- Variables：可变的数据类型，其值是可以改变的。

8.2 函数和语法

Flash 为用户提供了用来实现控制的常量、变量、函数表达式和运算符号。通过它可以让用户实现复杂的交互控制。

8.2.1 常量

Flash 为用户提供了 3 种不同的常量类型：

- 数值型：通过具体数值来表示的定量参数。它可以直接被输入到参数设置区的对话框中。
- 字符串型：由若干的字符组成，常用来表示某一个特定的含义，如屏幕提示等。与数值不同的是，由数字组成的字符串不表示具体的值。在字符串的两端必须用引号加以区分。
- 布尔型：用来判断条件是否成立，成立为"真"，用"True"或用"1"来表示，而不成立为"假"，用"False"或"0"表示。

8.2.2 变量

变量是存储了任意数据类型的标识符，为函数和语句提供可变的参数值。用户可以利用变量来保存或改变动作语句中的参数值。变量可以是数值、字符串、逻辑字符以及函数表达式。变量实际上就是一个信息容器，容器本身都是相同的，但它的内容却是可以修改的。每一个动画作品都有它自己的变量。在引用的时候必须使用动画作品名或者动画片段符号作为变量的前缀。变量包括变量名和变量值两部分。

变量的命名有以下几个规则：

（1）变量的名称必须以英文字母开头；

（2）变量的名称中间不能有空格。比如，my girl 就是错误的，我们在它们中间加入下划线符号，my_girl 就是正确的变量名了。而且两词之间只能使用下划线符号连接；

（3）不能使用与关键字相同的名称。例如，var，以避免程序出错。

8.2.3 函数

函数的使用使 Flash 的交互性大大的加强，它用来对常量和变量进行某种运算，从而产生新的值来控制动画的进行。一般情况下，比较常用的函数有以下几种类型：

- 通用类函数（General Functions）：
  - Eval（variable）：获取重要变量的值。
  - True：获得逻辑真值。
  - Flase：获得逻辑假值。
  - Newline：建立新行。
  - GetTIme：获取系统时间。
- 数值类型函数（Number Functions）：
  - Int（number）：求对象数值的整数。
  - Radom（number）：求对象范围内的一个随机数。
- 字符串类型函数（String Functions）：
  - Substring（string、index、count）：取目标字符串的子串。
  - Length（string）：计算目标字符串的长度。
  - Chr（AscIICode）：将目标数值作为 ASCII 码转化为对应的字符。
  - Ord（character）：将目标字符转化为 ASCII 码数值。
- 属性类函数（Properties Functions）

> GetProperty（target、property）：获取目标对象的指定属性。
> -x：对象 X 轴的位置。
> -y：对象 Y 轴的位置。
> -width：对象的宽度。
> -height：对象的高度。
> -rotation：对象的旋转。
> -target：对象目标的路径。
> -name：引用对象的名字。
> -url：对象的 URL 地址。
> -xscale：对象在 X 轴方向上的缩放比例。
> -yscale：对象在 Y 轴方向上的缩放比例。
> -currentframe：获取当前帧的位置。
> -totalframe：获取时间线上的全部帧数。
> -framesloaded：返回一个 0~100 的数值，指示指定的动画作品被调入的进度。
> -alpha：获得对象是否带有 alpha 通道。

在 ActionScript 3.0 中，影片剪辑的 alpha 属性值的范围不再是 0~100，而是 0~1。例如，设置实例的不透明度为 50% 应如下书写：

myMC.alpha = 0.5;

在这里，读者需要注意的是，在 ActionScript 3.0 中，下划线（_）已从属性名称中去掉。其中，myMC 为影片剪辑实例的名称。

显示对象的 scaleX 和 scaleY 属性在 ActionScript 3.0 中也以类似方式设置。例如，将实例以 150%等比缩放应如下书写：

myMC.scaleX = 1.5;
myMC.scaleY = 1.5;

> -visible：获得对象是否可见。
> -droptarget：获取对象是否具有拖放性质。
● 全局属性函数（Global Properties）
> -highquality：设置在作品中进行抗锯齿性处理。
> -focusrect：显示焦点区域。
> -soundbuftime：设置音频播放时的缓冲时间。
● 多字节字符串函数（Multibytes String Functions）
> MBSubstring（string、index、count）：获取目标多字节字符串中的子串。
> MBLength（string）：计算目标多字节字符串的长度。
> MBChr（ascIIcode）：将目标数值作为 ASCII 码转化为对应的多字节字符。
> MBOrd（character）：将目标多字节转化为 ASCII 码值。

8.2.4 表达式及运算符

运算符号是能够提供对数值、字符串、逻辑值进行运算的关系符号。而表达式是由常量、变量、函数和运算符号按照运算法则组成的计算关系式。在动作语句当中，表达式的结果将作为参数。Flash 中常见的表达式有以下几种：

1. 算术运算操作符

算术表达式由数值函数，算术运算符组成，结果是数值或是逻辑值。这里只列出 ActionScript 中的算术运算操作符，如表 8-1 所示。

2. 关系运算操作符

关系运算操作符用于表达式，计算结果是布尔值。只要读者在一个表达式中使用了关系运算操作符，那么表达式的结果就是一个布尔值。这种表达式是为了表示某种判断，表达式值为 true，表明判断成立，否则判断不成立。这种表达式一般用在条件判断语句中，根据结果执行不同的代码。表 8-2 列出了这些操作符。

表 8-1　算术运算操作符

操作符	含义
+	加法
−	减法
*	乘法
/	除法
%	求模
++	自加
−−	自减

表 8-2　关系运算操作符

操作符	含义
>	大于
<	小于
>=	大于等于
<=	小于等于

3. 逻辑运算操作符

逻辑表达式是由逻辑值、以逻辑为结果的函数、以逻辑为结果的算术或字符串表达式和逻辑运算符组成，其计算结果是逻辑值。逻辑运算操作符比较两个布尔类型的变量并且返回一个布尔值。比如说，如果两个操作数都是 true，那么对它们进行逻辑与运算(&&)，结果为 true。两个操作数中只要有一个是 true，那么对它们进行逻辑或运算(||)结果为 true。逻辑运算符通常用来连接两个关系运算的结果，产生一个更加复杂的判断语句。表 8-3 列出所有的逻辑运算操作符。

4. 位运算操作符

所谓位运算，就是对每一个二进制数进行位与位之间的运算。举个例子，比如说有两个二进制数 10101111 和 01010101，它们进行位与运算，结果是 00000101。表 8-4 列出所有的位运算操作符。

表 8-3　逻辑运算操作符

操作符	含义
&&	逻辑与
||	逻辑或
!	逻辑非

表 8-4　位运算操作符

操作符	含义
&	位与
|	位或
^	位异或
~	位非
<<	左移
>>	右移
>>>	右移最左边补零

5．等于和赋值操作符

等于操作符是"＝＝"，赋值操作符是"＝"，注意不要混淆。而且赋值操作符支持多变量赋值。例如 a=b=c=d=2，之后 4 个变量都等于 2。

还有一种就是组合赋值操作符，例如 x+=5，其实是 x=x+5。其他的与此类似。表 8-5 列出所有的这类操做符。

表 8-5　等于和赋值操作符

操作符	含义
＝＝	等于
！＝	不等于
＝	赋值
+=	加并且赋值
-=	减并且赋值
*=	乘并且赋值
/=	除并且赋值
%=	求模并且赋值
<<=	左移并且赋值
>>=	右移并且赋值
>>>=	右移左边补零并且赋值
^=	异或并且赋值
|=	位或并且赋值
&=	位与并且赋值

8.2.5　ActionScript 中的语法

　点语法

在 ActionScript 语言中，点（.）用来指出对象和电影剪辑的属性和动作，也可以用来指定电影剪辑和变量的目标路径。点语法表达式以对象或电影剪辑的名称开头，然后跟上 ".",并以需要指定的属性、动作和变量结尾。如下是点语法的使用例子：

Go.play()

点语法还有两个专有名词：_root 和_parent。_root 是指主时间轴，可以使用_root 来创建一个绝对的目标路径。_parent 则是用来指定相对路径，或者称为关系路径。

_root.function.gorun()

_root runout.stop()

在这里，需要提请读者注意的是，ActionScript 3.0 中没有 _global 路径。如果需要在 ActionScript 3.0 中使用全局引用，应创建包含静态属性的类。当将 _parent 属性添加到显示列表（即嵌套时间轴）时，可以作为任何实例的 parent 属性访问它。_root 属性与载入影片的每个 SWF 相关，将实例添加到嵌套时间轴时，可通过 root 属性访问它。this 别名可用于 ActionScript 3.0 中，其行为与 ActionScript 的先前版本一样。

在 ActionScript 3.0 中，对于载入影片的每个 SWF，时间轴有一个 stage 属性和一个 root 属性。stage 属性通常可以按 _root 属性的相同用法进行使用。将 stage 属性添加到嵌套时间轴时，它可用于任何实例。使用 ActionScript 将影片剪辑和其他可视对象实例化时，不会将它们明确指派到时间轴，当决定在时间轴中显示它之后才显示它。并且，可以在期望的任意时间轴中显示新实例，而不是仅限于实例化所在的那个时间轴。

　　　分号的使用

在 ActionScript 中，每个声明都是以 ";" 号结尾的。

Beauty=passedDate.getday();

Row=0;

　　　圆括弧（( )）的使用

当定义一个函数的时候，要把所有的参数都放置在圆括弧里面，否则不起作用。

Function Bike(Owner, Size, color) {

…..

}

而在使用函数的时候，该函数的参数也只有在圆括弧里才能起作用。

Bike ("Good", 100, Yellow);

另外，圆括弧还可以作为运算中的优先算级。

　A= (1+2) *10;

而且在 DOT 语法中，可使用圆括弧将表达式括起来放在 DOT 的左边并对该表达式求值。

onClipEvent(enterFrame) {

(new Color(this)).setRGB(oxffffff);

}

如果不使用圆括号，则需要使用如下语句：

```
onClipEvent(enterFrame){
mycolor=new color(this);
mycolor.setrgb(oxffffff);
}
```

 **大括号（{}）的使用**

在 ActionScript 中，大括号能够把声明组合起来成为一个整体。

```
On(release){
Mycolor=new color();
Currentsize=mycolor.getsize();
}
```

 **大小写的区别**

在 ActionScript 中，只有关键字才区分大小写。

 **Comments 声明**

在 ActionScript 语言中，使用 comment 来给帧或者动画按钮的动作添加注释，这样对以后的修改以及别人的阅览都提供了很大的帮助。在 ActionScript 中，用符号"//"引导的内容作为注释。

8.2.6 预定义函数和自定义函数

如果读者有某些按钮的功能一样，读者必须一个一个地为它们写脚本，即使用复制粘贴，也是很让人讨厌的。函数这时候就有用处了，读者把那些一样的代码写到一个函数里，然后在各个地方调用这个函数即可。可能读者会说，那不是还得每一个地方都调用么？好，再想想，如果读者后来的代码改了，所有的按钮的代码都必须跟着改动，为了保持所有的代码的一致性，读者不得不反复做同样的事情，简直就是一场恶梦。如果使用了函数，读者只需要修改一处，就可以完成所有的修改工作。因此，使用函数的第一大好处就是，只要写一次，可以使用任意多次。

1. 使用预定义函数
Flash 提供了很多功能强大的预定义的函数。

预定义函数一般使用在表达式中。所有的函数都必须在函数名之后跟一对括号，括号里可以没有参数，可以有一个或多个参数。预定义的函数除了返回值之外，对参数没有任何影响，也就是说，预定义函数不会改变读者传进来的参数。调用函数采用如下方式：

functionName(argument list)。

对于 Flash 预定义的函数，读者可以在任何时间任何地点调用它。自定义的函数定义和实现是写在关键帧里的，可以是主时间轴的关键帧，也可以是一个嵌套影片剪辑的关键帧。

2. 自定义函数
自定义函数可以写在主时间轴的关键帧里，也可以写在某个元件实例的关键帧里。调用自定义函数时，需要指定它的路径。如果是在读者自定义函数的同一时间轴里调用它，那么就和预定义函数一样，直接调用就可以了。如果读者在另一个不同的时间轴调用，那么必须在函数名前面加上它的路径，可以是相对路径，也可以是绝对的路径。比如：
_root.functionName()，就是调用位于主时间轴里的一个自定义函数。

下面介绍自定义的函数的方法。

选定想要放函数的关键帧，然后打开动作面板，选择专家模式，直接在编辑窗口中输入代码。写法类似这样：

```
function myFunction()
{
//读者的函数要实现的功能写在这里;
}
```

首先是一个"function"关键字，表明读者要定义一个函数，跟着的是函数名，不能和 Flash 的关键字相同，接下来是一对括号，紧紧跟着函数名，如果读者还想接收参数的话，一定要在括号里写一个临时的参数名字，如果有多个参数，中间用逗号分隔开。最后就是一对大括号，里面是读者所有的 script 代码。

下面来看一个接受参数的函数：

```
function power(a , b)
{
  // the code you will add later;
}
```

这个函数有两个参数，a 和 b，作用是计算 a 的 b 次幂。读者可以这么调用：mi＝power(2,
4)，在调用函数的时候，参数 a 被赋值 2，b 被赋值 4，这是一种传递参数值的调用方式。

除此之外，通过使用参数，可以写一个多种功能的函数，不同的参数对应与不同的功能，有的时候这也是非常有用的。例如：

```
function watchmove(yourage)
{
  if (yourage > 18)
  {
    //you could watch all the movie;
  }
  else
  {
    //you can only watch part of the movie;
  }
}
```

前面提到的函数还没有一个是返回值的，下面来看怎么写返回值的函数。

写一个返回值的函数，只需要在函数的最后加上一句 return value; value 是读者要返回的函数值。Return 后面可以是一个数字，也可以是一个有定义的变量，还可以是一个表达式，这个值将被返回到调用该函数的地方。例如：

```
function power(a , b)
{
    temp=1;
    while (b > 0)
    {
    temp=temp*a;
        b--;
    }
return temp;
```

}

此时，可以在 Script 里调用这个函数，例如：

theAnswer＝power(2, 4);

trace("the 4 tiems of 2 's power is"+theAnswer);

预定义函数可以在任何地方调用，自定义函数必须要有一个路径，一般来说，可以把所有自定义的函数都写在主时间轴里的关键帧里，在调用这些函数的时候，只需要在函数名字前面加上一个_root. 就可以了，例如_root.power(2，4)。

8.2.7   基本控制命令

1．播放控制

● "Stop"语句：该语句可以以使进行中的动画暂停，并使播放指针停留在当前帧。

● "Play"语句：该指令用于使动画从当前帧进行播放。

● "Toggle High Quality"语句：该语句用于切换图形抗锯齿的能够。打开该功能，可以获得很好的图形质量，但作品的播放速度会有所减慢。反之，图像边缘会出现锯齿，但是动画播放速度会得到提高。

● "Stop All Sounds"语句：该语句可以停止所有正在播放的声音文件。值得注意的是，它并不是禁止播放声音文件，而是停止当前正在播放的声音文件。在该语句之后的所有声音文件都不受它的影响。

2．赋值、跳转及条件

● "Set Variable"语句：赋值语句的作用是为动画中的变量赋值。变量的类型由所赋值的类型决定。如果在执行该赋值语句之前，变量不存在，则赋值语句会自动产生一个新的变量。语法结构为：

● Set Variable："Variable"=value

● "Go To"语句：该语句主要用来控制播放指针的跳转。当动画执行到此语句时，会自动跳到指定的帧，并根据设置继续执行或停止动画的播放。

● "If"语句：通过一些条件来执行动画中的语句，这是在 FLASH 交互动画中最常用的命令之一。条件语句可以进行嵌套。语法结构为：

```
        If（条件）
            动作语句 1
        Else
            动作语句 2
        End if
```

● "Loop"语句：该语句可以进行无限次的循环，直到设定的条件不成立，则停止循环，进入下一个命令。语法结构为：

```
    Loop While（条件）
            动作语句
        End Loop
```

3．注释、跟踪、脚本调用与属性设置

● "Comment"语句：该语句的效果是为程序生成注释，用来对脚本或某段的内容进行提示，借此加强脚本的可读性。而和动作无关。

- "Trace" 语句：该语句用于在动画的播放过程当中随时产生一些变量的值，这是 FLASH 高级用户调试程序的重要命令之一。语法结构为：

        Trace（）

需要注意的是 Trace（）括号中的内容与程序中变量的类型要匹配。

- "Call" 语句：通过该语句，可以调用该动画中的其他动画片段，这样节省了动画的整体大小。语法结构为：

        Call （"放置脚本的关键帧"）

需要注意的是，其中的目标参数应为字符型。

- "Set Property" 语句：利用该语句在动画的播放过程当中，随着浏览者的意图，可以修改动画的位置、角度、大小、颜色、透明度等多种属性。语法结构为：

        Set Property（"动画片段名称".目标属性="目标值"）

4. 拖动/复制片段、判断动画下载进度

- "Duplicate/Remove Movie Clip" 语句：该语句用于在播放时根据当前作品中的动画片段对象新建一个动画片段对象。新建的对象与原来的对象完全相同，但是在不同的窗口播放，而且是从头开始播放，这样就实现两个相同的动画不同步的播放。语法结构为：

        Duplicate Movie Clip （"Target"，"New Name"，"Depth"）

如果选用 Remove，则是清除引用对象的复制品。语法结构为：

        Remove Movie Clip （"Target"）

- "Drag Movie Clip" 语句：该语句可以使我们在拖动鼠标的过程当中修改其中的动画位置。语法结构为：

        Start Drag （"Traget"）

- "If Frame Is Loaded" 语句：通过该语句可以测试动画作品在播放的时候某指定帧是否被调入，利用它可以制作如下载进度条一样的指示性动画。语法结构为：

        If Frame Is loaded
                动作语句
        End Frame Loaded

5. 外部动画控制以及建立 URL 地址连接语句

- "Load/Unload Movie" 语句：装载外部动画的语句，语法结构为：

        Load Movie （"URL"，location）

Unload 为卸载外部动画，用于将指定播放层中的动画作品关闭，语法结构为：

        Unload Movie （level）

- "Tell Target" 语句：通过该语句，可以对独立于主时间线的动画片段符号引用或通过 "Load Movie" 语句调入的外部动画进行控制。语法结构为：

        Begin Tell Target （"Target"）
                动作语句
                End Tell Target

- "Get URL" 语句：该语句可以在 FLASH 作品中创建连接，使得在动画播放的时候，通过动画中的按钮的控制工具打开 Web 上的 URL，这样，FLASH 作品的内部就能够建立用语浏览的联接响应。语法结构为：

        Get URL （"URL"，"窗口选项"，变量选项）

● "FS Command"语句：通过该命令，将 FLASH 中的内容和上级程序交换信息。语法结构为：

```
FS Command ("Command", "Argument")
```

8.2.8 条件语句和循环语句

条件语句和循环语句是脚本语言里非常重要的语句。只要读者编过程序，就一定会对这两种语句有着说不出的感情。我们接下来就详细地学习这两种语句。

1. 条件语句

条件语句有 3 种：

● if

```
if(条件成立)
{
在条件成立下，读者要执行的语句写在这里 ；
}
```

● if…else

```
if(条件成立)
{
条件成立时执行的语句；
}
else
{
条件不成立时执行的语句
}
```

● if…else…if

```
if(条件1成立)
{
条件1成立时执行的语句；
}
else if(条件2成立)
{
条件2成立时执行的语句；
}
else if …….
```

这种情况下，else if 语句可以一直写下去，用以判断多种情况。

2. 循环语句

循环语句也有 3 种：

● for

```
for (初始条件；条件判断；继续下一次)
{
```

读者需要循环执行的语句；

}

例如：

```
for (i = 1; i < 10 ; i++)
{
trace ( "current iteration is "+i);
}
```

下面仔细看看这个循环语句的具体执行过程。

第一次进入循环，i = 1 ，判断 i < 10 是否成立，成立则执行循环中的语句；

第二次进入循坏之前，先执行 i++语句，此时 i＝2，判断 i < 10 是否成立，成立则执行循环体中语句；

……

第十次进入循环之前，i＝9，执行 i++后，i＝10，判断 i<10 不成立，退出循环，结束执行。

所以总共执行 9 次循环。

考虑下面的这条循环语句：

```
for (i=0; i= =10 ; i++)
{
//the statements you do here;
}
```

这个循环将被执行多少次？答案是 0 次。为什么？刚开始进入时，i＝0，然后判断 i＝10 成立不成立，因为不成立，所以一次都没有执行，就退出来了。

再考虑一条循环语句：

```
for (i = 0; i= 10; i++)
{
//the statements you do here;
}
```

这个循环将被执行多少次？可能读者觉的这条语句写的很不舒服，在解释它之前，我先告诉读者答案，是无穷多次，这个循环是一个死循环，将一直执行。为什么？

注意条件判断语句，写的是 i＝10，这是一条赋值语句，不管怎么样都为真，每次判断都是给 i 赋值成 10，所以一直执行下去。之所以写这么一个例子，是因为很多时候读者会一不小心把＝＝写成＝，一定要注意这种问题。

● for in

这个语句有点特殊，它仅仅和数组以及对象数据类型一起使用。看下面的例子：

```
fruits＝["apple","pear","banana","orange","peach"];
for (n in fruits)
{
trace("I like eating"+fruits[n]);
}
```

使用起来就这么简单，在读者不知道数组里有多少个元素，或者读者不想知道，或者它的元素个数一直在变化，读者可以用 for in 非常简单的实现对所有数组元素的遍历。除此之外，for in 还可以用在对象数据类型里，用法和这个基本一样。

● while

While 语句在条件成立的时候循环，一直到条件不成立。以下是使用它的形式：

```
while(条件)
{
    //读者希望执行的代码
}
```

while 的使用范围比 for 更广，更一般，完全可以把一个 for 循环改写成 while 循环。例如：

```
for (n = 0; n < 10; n++)
{
//write your code here;
}
```

可以写成：

```
n = 0;
while ( n < 10)
{
//write your code here;
n++;
}
```

它们的用处完全一样。

8.2.9　模拟星空实例

通过模拟星空这个实例，向大家讲述前面讲到的几种比较重要的函数，给大家加深印象，让读者尽快掌握它们。

本实例的最终效果是：屏幕上有一堆星星在飞舞，如图 8-1 所示。在这个实例中要用到比较重要的两个函数：Math.random() 和 duplicateMovieClip()。

01 新建一个 ActionScript3.0 Flash 文档，背景设置为黑色。

02 按 Ctrl+F8 键创建一个名为 star 的影片剪辑。

03 在元件编辑模式下，选择绘图工具栏的椭圆工具○。然后在绘图工具栏底部选择边框为无边框，内部填充色任意。

04 在舞台上画一个只有内部填充没有边框的圆。

05 选择绘图工具栏的选择工具▶，选中舞台上的圆。

06 选择菜单"窗口"/"颜色"命令打开颜色面板。

07 在填充风格弹出式菜单中选择"径向渐变"。

08 单击渐变栏左边的颜色游标，在 R, G, B 和 Alpha 文本框中输入 255, 255, 255, 100%。单击渐变栏右边的颜色游标，在 R, G, B 和 Alpha 文本框中输入 0, 0, 0, 100%，填充效果如图 8-2 所示。

图 8-1　模拟星空

图 8-2　填充效果

09 分别单击第 2 帧和第 3 帧，然后分别按下 F6，插入两个关键帧。单击第一帧，打开动作面板，添加下面的代码：

```
//生成一个随机数，注意使用了 Math.random()方法，它产生一个 0.0 到 1.0 的
//随机数，乘以 100 再取整，就是一个 0 到 100 的随机数。
ran = int(Math.random()*100);
//定义影片剪辑的 x 初始坐标为 scene 的宽度，也就是工作区域的最右方，
//我们的星星是从右向左走的。
_x=_root._width;
//定义影片剪辑的 y 初始坐标为 0 到 200 的一个随即数，
//在工作区域上就是从最上方开始到纵坐标为 200 的区域。
_y=Math.random ()*200;
//设置影片剪辑的宽度。
_xscale=ran;
//设置影片剪辑的高度。
_yscale=ran;
//设置 MovidClip 的透明度。
_alpha=Math.random()*50+50;
```

单击第 2 帧，在动作面板中添加下面的代码：

```
_x=_x-ran/5;
//它的作用是让 star 向左移，造成星星移动的效果。
//我们可以通过修改 ran 除的数来改变星星移动的快慢。
//单击第 3 帧，在动作面板中添加下面的代码：
if (_x < 0)
{
//如果影片剪辑移到屏幕左边缘之外，则让它从新回到第一帧。
gotoAndPlay (1);
} else
{
//否则，继续在第二帧移动。
gotoAndPlay (2);
}
```

10 选择"编辑"/"编辑文档"命令，回到主时间轴。并打开库面板。

11 从库面板里拖一个 star 影片剪辑到舞台上。

12 选中舞台上的 star 实例。

13 在属性面板的实例名称文本框中输入"star"。

14 单击主时间轴的第一帧，打开动作面板，添加下面的代码：

```
//最多的星星个数。
starnum = 99;
while (starnum>0)
{
//复制 star 实例，新的实例的名字为 star99，star98……
star.duplicate 影片剪辑 ("star"+starnum,  starnum);
starnum=starnum-1;
}
```

15 按 Ctrl＋Enter 测试。

这个例子只使用了两个比较重要的函数，Math.random() 和 duplicate clip()，可是效果很逼真。如果不用动作脚本，可能需要画很多星星，然后为每一个指定运动轨迹，比较一下工作量，就可以了解使用动作脚本是多么简洁有效。

8.3 事件处理函数

事件是脚本的触发器。在ActionScript 1.0& ActionScript 2.0中有3种事件：关键帧事件、鼠标事件、影片剪辑事件。这3种事件对应读者可以在Flash里放脚本代码的地方，就是说代码只能放在关键帧，按钮实例和影片剪辑实例中。用鼠标右键单击这些地方，如果上下文菜单中的动作选项是可以选择的，那么就可以添加脚本；否则动作选项是灰色的。

当把脚本放在关键帧中时，只要Flash到达脚本所在关键帧，脚本就开始执行。

当把脚本放在按钮实例中，就需要读者自己确定响应哪个鼠标事件了。还记得上一章那个使电影剪辑消失的例子吗？在那个地方，响应了鼠标的单击事件。

8.3.1 关键帧事件

因为关键帧事件只是在动画运行到相应的关键帧时才会被触发，所以一般只把关键帧作为一个放置通用代码的地方，例如放置函数定义，某些通用变量的声明和初始化等。

8.3.2 鼠标事件

鼠标事件包括以下这些：

- Down：一个简单的鼠标单击事件可以被分为两个过程：鼠标Down和鼠标Release。当鼠标移动到一个按钮的可单击区域里并单击该按钮时，Down事件发生，这适用于按钮作为开关的场合。这里很需要注意的一点是：Flash提供的这种事件是不可撤消的，也就是说，最好不要将这种事件用在一些重要的用户动作里，一旦这个事件发生后，不会有类似Windows的确认步骤。
- Release
- 当鼠标指针移出按钮的可单击区域时，这个事件被触发。
- Release Outside
- 当鼠标指针移动到一个按钮的可单击区域里，单击这个按钮后，然后移出可单击区域，Release鼠标，这一系列事情发生后，这个事件被触发。
- Roll Over
- 当鼠标指针移动到按钮的可单击区域里时，这个事件发生(不需要鼠标被按下)。
- Roll Out
- 当鼠标指针移出按钮的可单击区域时，这个事件发生。
- Drag Over
- 当鼠标指针被按着从一个按钮的可单击区域里移出，然后再被按着移回该按钮的可单击区域时，这个事件发生。这个事件可以用在很多场合，如游戏，以及购物车等。
- Drag Out

● 当鼠标指针被按着从一个按钮的可单击区域里移出时，这个事件发生。

8.3.3 影片剪辑事件

电影剪辑事件有以下这些：
- Load：影片剪辑一旦被实例化并出现在时间轴中时，即启动此动作。
- EnterFrame：当进入一帧时，以影片帧频不断地触发此动作。
- Unload：在从时间轴中删除影片剪辑之后，此动作在第一帧中启动。处理与 Unload 影片剪辑事件关联的动作之前，不向受影响的帧附加任何动作。
- Mouse Down：当按下鼠标左键时启动此动作。
- Mouse Up：当释放鼠标左键时启动此动作。
- Mouse Moive：当鼠标移动的时触发动作。
- Key Down：当按下某个键时启动此动作。
- Key Up：当释放键盘某个键时启动此动作。
- Data：使用 loadVariables(载入变量)或 loadMovie(载入影片)的指令来接收资料的同时，就会触发此事件。当与 loadVariables 动作一起指定时，data 事件只发生一次，即加载最后一个变量时。当与 loadMovie 动作一起指定时，获取数据的每一部分时，data 事件都重复发生。– mouseMove 每次移动鼠标时启动此动作。_xmouse 和 _ymouse 属性用于确定当前鼠标位置。

8.3.4 使用事件制作实例

本实例将利用动作脚本，把鼠标指针改成任意的图形。

01 新建一个 ActionScript 3.0 的 Flash 文件。按 Ctrl + F8 创建一个名为 One Spiral 的影片剪辑。

02 在元件编辑模式下，绘制一个如图 8-3 所示的风车图形。

03 返回主场景。并打开库面板。

04 从库面板中拖一个 One Spiral 的实例到舞台上。

05 选中舞台上的 One Spiral 实例。

06 在属性面板的实例名称文本框里输入"custommouse"。

07 选中 custommouse 实例。打开动作面板，在脚本窗口中添加如下代码：

图 8-3 One Spiral

```
/* 自定义鼠标光标
用指定的元件实例替换默认的鼠标光标。
*/

stage.addChild(custommouse);
custommouse.mouseEnabled = false;
custommouse.addEventListener(Event.ENTER_FRAME, fl_CustomMouseCursor);

function fl_CustomMouseCursor(event:Event)
{
```

```
custommouse.x = stage.mouseX;
custommouse.y = stage.mouseY;
}
```

08 按 Ctrl+Enter 键测试这个影片的效果。

细看会发现一个问题，除了新建的鼠标指针之外，原来的鼠标指针还在。怎么把它去掉呢？只需要再加入一条动作就可以了。在上述代码后加上一行：

```
Mouse.hide();
```

Mouse.hide() 方法将隐藏原来的鼠标指针。

现在再次测试一下。可以看到原来的鼠标光标不在了，跟着鼠标移动的是自己定义的鼠标指针。

如果要恢复默认鼠标指针，可以添加如下代码：

```
custommouse.removeEventListener(Event.ENTER_FRAME, fl_CustomMouseCursor);
stage.removeChild(custommouse);
Mouse.show();
```

8.4 精彩实例——弹力球

本实例制作一个蹦来蹦去的小球。它模拟了实际情况下的重力效果和碰撞反弹效果。使用鼠标控制小球，在小球上按住鼠标左键，可以选中小球。然后拖动鼠标再释放，小球就开始在两面墙壁和地面之间蹦来蹦去，而且小球的影子也跟着变化。

在这个例子里，将学到以下的内容：

- 透明按钮的制作和使用。
- 复习填充变形工具的使用。
- 动态获取和更改影片剪辑的属性。
- 使用影片浏览器查看一个影片的结构。

01 新建一个文档。按 Ctrl+F8 键，创建一个按钮元件，命名为 ballcontrol。

02 在元件编辑模式下，选中"按下"帧的内容后，把它拖到"点击"帧。这样，就创建了一个透明的按钮。

03 按 Ctrl+F8，创建一个名为 ball 的影片剪辑。在元件编辑模式下，把 ball 的当前层改名为 shape。

04 选择椭圆工具。在舞台上画一个只有内部填充没有边框的圆。

05 选择绘图工具栏的选择工具，选中舞台上的圆。

06 选择"窗口"/"颜色"命令打开颜色面板。在填充风格菜单中选择"径向渐变"。选中渐变栏左边的颜色样本，在 R，G，B，Alpha 中输入 255，153，0，100%，然后把这个颜色样本拖到图 8-4 所示的位置。

07 选中渐变栏右边的颜色样本，在 R，G，B 和 Alpha 中输入 95，64，18，100%，如图 8-5 所示。

08 选择绘图工具栏的渐变变形工具，单击舞台上的图形，出现控制点，如图 8-6 所示。把中间的控制点向左上方拖动，如图 8-7 所示。

09 在 ball 的时间轴添加一个新层，名为 button。从库面板里拖一个 ballcontrol

按钮到 button 层，让这个按钮位于 shape 层图形的正上方，如图 8-8 所示。

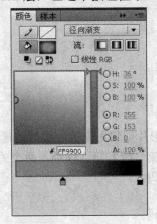

图 8-4　颜色面板

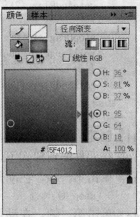

图 8-5　输入 RGB 值

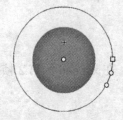

图 8-6　填充变形工具的控制点

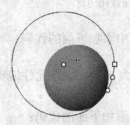

图 8-7　拖动中间控制点

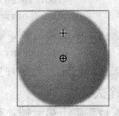

图 8-8　button 层

10 选中 ballcontrol 按钮的实例，在动作面板中输入下面的代码：

```
on (press)
{
Mouse.hide();
tellTarget ("/xspeed")
{
stop ();
```

//鼠标按下之后，xspeed 这层停止动作，这一层是计算小球的横坐标的一层，如果不先停止，小球就会随便乱动，不信读者可以将这段代码先注释掉，来试试会发生什么情况。

```
}
startDrag ("/ball", true, 20, 5, 530, 398);
tellTarget (_root)
{
stop ();
m = 0;
}
tellTarget ("/speed")
{
gotoAndPlay (2);
}
}
on (release, dragOut)
{
Mouse.show();
tellTarget ("/xspeed")
```

```
        {
        gotoAndPlay (2);
        }
        stopDrag ();
        tellTarget (_root)
        {
        gotoAndPlay (1);
        }
        }
```

11 创建一个影片剪辑，命名为 speed。这个影片剪辑用来控制小球的速度。

12 在元件编辑模式下，在 speed 的时间轴的第 2 帧和第 3 帧插入两个关键帧。

13 单击第一帧，在动作面板中添加下面的代码：

```
        stop ();
```

14 单击第二帧，在动作面板中添加下面的代码：

```
        newx = getProperty("/ball", _x);
        _root.speed = ((newx-oldx)*0.2);
        oldx = newx;
```

15 单击第三帧，在动作面板中添加下面的代码：

```
        gotoAndPlay (2);
```

16 创建一个影片剪辑，起名为 xspeed。在元件编辑模式下，在 xspeed 的第 2 帧插入一个关键帧。

17 单击第一帧，在动作面板添加下面的代码：

```
        speed = (((_root.speed*100)-_root.speed/10)/100);
        if (speed == speed2)
        {
        setProperty ("/ball", _x, getProperty ("/ball", _x)+(speed*4.5));
        } else if ((speed>-0.09) and (speed<0))
        {
        speed = 0;
        } else
        {
        setProperty ("/ball", _x, getProperty ("/ball", _x)+(speed*4.95));
        if ((getProperty ("/ball", _x)>532) or (getProperty ("/ball", _x)<19))
        {
        setProperty ("/ball", _x, getProperty ("/ball",
_x)+(speed-(speed+speed)*4.95));
        }
        }
        speed2 = (((_root.speed*100)-_root.speed/10)/100);
```

18 单击第二帧，在动作面板中添加下面的代码：

```
        gotoAndPlay (1);
```

作用是一直在这两帧之间循环。

19 创建一个影片剪辑，名为 shadow，用来显示小球运动的时候的影子。选择绘图工具栏的椭圆工具，在舞台上画一个只有内部填充没有边框的圆。

20 选中舞台上的圆。打开颜色面板，在填充风格弹出式菜单中选择径向渐变。单击渐变栏左边的颜色样本，在 R，G，B，Alpha 文本框中输入 0，0，0，100%。单击渐变栏右边的颜色样本，在 R，G，B，Alpha 文本框中输入 0，0，0，0%。影子的填充效果如

图 8-9 所示。

21 创建一个控制阴影的影片剪辑，名为 shadow(ctrl)。在第 2 帧插入一个关键帧。
单击第 1 帧，在动作面板中添加下面的代码：

```
//设置shadow的x坐标和ball的x坐标一致，用来跟踪小球。
setProperty ("/shadow", _x, getProperty ("/ball", _x));
//设置shadow的透明度，根据是ball的y坐标，
//如果小球离地面越高，那么ball的y坐标就越小，
//因为scene纵坐标是从上往下增大的，所以shadow也就越透明，
//高到一定程度，shadow就完全透明了，这也是模拟光照的效果的。
setProperty ("/shadow", _alpha, getProperty ("/ball", _y)/4-40);
//改变shadow的x尺寸，根据是ball的y坐标。
setProperty ("/shadow", _xscale, getProperty ("/ball", _y)/4-20);
//改变shadow的y尺寸，根据也是ball的y坐标。
setProperty ("/shadow", _yscale, getProperty ("/ball", _y)/16);
```

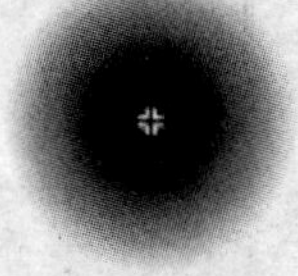

图 8-9　影子的填充效果

22 单击第 2 帧，在动作面板中添加下面的代码：

```
gotoAndPlay(1);
```

通过这个影片剪辑，就可以完全控制小球的阴影了，而且是动态的控制阴影的变化。

23 回到主时间轴。把当前层改名为 Layer ground。在舞台底部画一个表示地面的
图形，如图 8-10 所示。

24 在主时间轴插入一个新层，起名为 Layer xspeed。在舞台上画两堵墙，如图 8-11
所示。

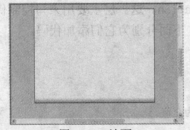

图 8-10　地面

图 8-11　墙壁

25 从库面板拖一个 xspeed 的实例到舞台上的 Layer xspeed 层。选中舞台上的这
个实例，在属性面板的实例名称文本框中输入 xspeed。xspeed 实例放在舞台之外，因为
xspeed 主要是用来控制的，所以没有必要让它在舞台上。

26 在主时间轴插入一个新层，起名为 Layer shadow。从库面板拖一个影子元件到
舞台上的 Layer shadow 层。

27 选中这个实例，在属性面板的实例名称文本框中输入 shadow。把 shadow 拖到与
地面平行的位置，如图 8-12 所示。小黑影就是 shadow。

28 在主时间轴插入一个新层，起名为 shadow control。从库面板拖一个 shadow(ctrl)
到舞台上的 shadow control 层。

29 选中这个实例，在属性面板的实例名称文本框中输入 shadowctrl。同样把
shadowctrl 放在舞台之外，因为这个影片剪辑也仅仅用来控制，没有必要显示在舞台上。

30 从库面板里拖一个 ball 到舞台正中间，如图 8-13 所示。

图 8-12　Layer shadow 层

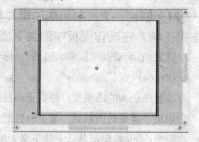

图 8-13　shadow control 层

31 选中舞台上 ball 的实例，在属性面板的实例名称文本框中输入 ball。

32 在主时间轴插入一个新层，起名为 Layer speed。从库面板拖一个 speed 到舞台上的 Layer speed 层。

33 选中舞台上的这个 speed 实例，在属性面板的实例名称文本框中输入 speed。还是像 xspeed 一样，把 speed 也放到舞台之外，如图 8-14 所示。

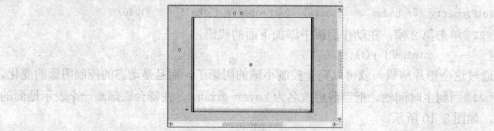

图 8-14　Layer speed 层

34 在主时间轴插入一个新层，起名为 Layer action。这一层主要用来写控制代码。

35 分别选中第 2 到第 6 帧，插入 5 个关键帧。下面分别为它们添加代码。

第一帧：

```
eight = int(getProperty (ball, _y));
n = "";
//先把刚开始小球的y坐标存在height里，n为空值。
```

第二帧：

```
n = int((n+1)*1.1);
if (n+getProperty (ball, _y)>400)
{
gotoAndPlay (4);
}
setProperty ("ball", _y, int(n+getProperty (ball, _y)));
//逐步增加小球的y坐标，相当于小球的下落。
```

第三帧：

```
gotoAndPlay (2);
//没有落地之前一直下落。
```

第四帧：

```
if (n+getProperty (ball, _y)>400)
{
  setProperty ("ball", _y, "400");
}
//小球落在了地上。
```

第五帧：

```
yb = int(getProperty (ball, _y));
rebound = int (height+((400-height)/3));
setProperty ("ball", _y, int (yb-(yb-(rebound))/5));
if (yb ==rebound)
{
gotoAndPlay (1);
}
if (n== 2)
{
stop ();
}
//小球反弹的代码。
```

第六帧：

```
gotoAndPlay (5);
//反复到第五帧。
```

36 所有的代码和元件都已经做好。按 Ctrl＋Enter 键测试影片。

这个例子用到的层和元件都很多，这样子在屏幕上找，很容易弄乱，可以用 Flash 提供的影片浏览器查看整个影片的结构。

选择"窗口" /"影片浏览器"菜单命令，打开影片浏览器窗口，如图 8-15 所示。

影片浏览器列出来两个大类，一个是场景 1，另一个是元件定义。场景 1 里列出了主时间轴的所有层的结构，每个层里还有层里的所有符号的信息，如图 8-16 所示。

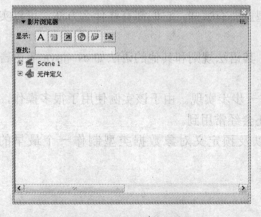
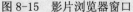

图 8-15　影片浏览器窗口

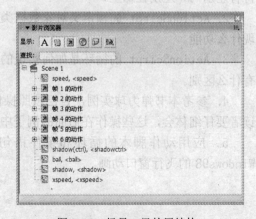

图 8-16　场景 1 里的层结构

元件定义列出了所有的元件，每个元件都列有详细的结构信息。

注意影片浏览器最上方的 6 个按钮：显示：A □ ▣ ⓪ ⅏ ▦。通过它们，读者可以列出想要的相关资料。

单击最右边的那个按钮，可以在影片浏览器设置对话框里显示想看的内容，如图 8-17 所示。如果读者只对某个类型的符号感兴趣，可以只选那个类型。

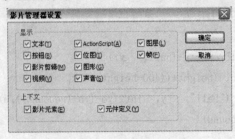

图 8-17　影片浏览器设置对话框

通过这个例子，读者应该完全掌握如何动态地控制一个影片剪辑的属性变化。除此之外，希望读者以后多多使用影片浏览器，这样读者可以了解到更多的影片剪辑的属性控制方法，这对读者以后的制作是很有帮助的。

8.5　本章小结

本章介绍了动作脚本语法的算术运算符，关系运算符，逻辑运算符，位运算，等于和赋值，随后介绍了条件语句和循环语句的语法和使用。通过模拟星空和弹力球实例展示了动态控制影片剪辑属性所展现出的缤纷动画效果。读者可以在这一章初步掌握 Action Script 语言的规则和用法。

8.6　思考与练习

1．ActionScirpt 的算术、关系、逻辑、位运算符以及等于和赋值与其他语言的运算符有差别吗？差别在那里？

2．ActionScirpt 的预定义对象数据类型主要有哪些，它们都有些什么方法，可以实现什么功能。

3．ActionScirpt 的循环是如何实现的。其语法规则和其他的语法如 c，java 等语言有什么区别。

4．参考本书弹力球实例，自己按照操作一步步实现。由于该实例使用了很多操作，读者要仔细体会，这些操作在后面的例子中还会经常用到。

5．应用动作脚本的循环和条件语句以及预定义对象数据类型制作一个最早的 Windows98 的飞行窗口动画。

第 **9** 章

组件

本章用 Flash CS5 自带的表单实例介绍几种常见组件的使用和自定义滚动文本框的方法；同时，举例详细说明每个组件的使用方法。通过这些例子让读者不仅仅了解组件的用法，更是希望读者能够经过这些例子的学习，制作出自己的东西来。

◎ 滑动条组件

◎ ComboBox，CheckBox 和 PushButton

◎ RadioButton

◎ ScrollBar

◎ ScrollPane

◎ 自定义滚动文本框

9.1 组件使用

Flash 5 里有一个 Smart 影片剪辑，它允许对影片剪辑定义参数。Flash CS5 中的组件是对 Smart 影片剪辑的扩展，它的功能更强大。它不仅允许在影片剪辑的基础上定义参数，把一个影片剪辑变成组件，更提供了一个系统组件库供使用。

可以对组件的每一个实例指定不同的参数值，根据参数值的不同，组件实例的性质也不同。这些可以指定的参数是用来描述某些自定义的属性的，就像影片剪辑的预定义属性一样，可以在属性面板的参数面板中对它们进行修改。

使用组件时，使用者不必知道某个影片剪辑到底是如何实现的，只需要通过参数面板，对一个组件实例的参数进行初始化。可以这么说，组件的使用提高了影片剪辑的通用性。

组件的使用方法很简单。选择"窗口"/"组件"命令打开组件库面板，从库面板拖一个组件的实例到舞台上，然后在参数面板中设置参数的参数值。下面以一个简单实例演示组件的使用方法。

滑动条组件实例：

本实例使用两个滑动条组件来控制一个正方形影片剪辑的旋转和透明度。上方的滑动条控制正方形的透明度，滑动条里显示 56，表示当前正方形的 Alpha 值是 56，向右拖动这个滑动条，正方形 Alpha 值增加，直到 100，这时候滑动条也不能再往右边拖动了。同样滑动条往左拖也有一个界限，代表正方形的 Alpha 值为 0。下面的滑动条控制正方形的旋转，滑动条上的文本框计数值从 0～100，对应正方形的角度从 0～360，效果如图 9-1 所示。

01 新建一个 ActionScript 2.0 的 Flash 文档。按 Ctrl＋F8 键创建一个名为 button 的按钮元件。

02 在元件编辑模式下，选择绘图工具栏的矩形工具。线条选择红色斜杠，表示没有边框。填充任意，因为稍后要使用混色器面板来设置填充色。

03 在属性面板中设置矩形圆角的度数 45，这样画出来的矩形就都是圆角的。

04 在 button 的"弹起"帧画一个圆角的矩形。

05 单击矩形内部填充，打开颜色面板。使用线型渐变调制一个渐变色，作为矩形的填充色。最后如图 9-2 所示。

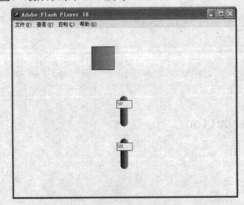

图 9-1　滑动条组件控制正方形旋转和透明度

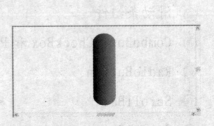

图 9-2　在 button 中画一个圆角矩形

06 按 Ctrl＋F8 键创建一个影片剪辑，名为 simpleslider。在元件编辑模式下，从库面板中把 button 实例拖到 simpleslider 的舞台上。之所以在影片剪辑里嵌套一个按钮，是为了响应鼠标消息。单纯的影片剪辑是没有办法响应鼠标消息的。

07 选中舞台上的按钮，打开动作面板，添加下面的代码：

```
on (press)
{
  drag=1;
}
on (release, releaseOutside)
{
  drag=0;
}
```

drag 是一个标志，drag 为 1 表示当前的鼠标处于按下的状态。

08 选择绘图工具栏的文字工具，在属性面板的文本引擎下拉列表中选择传统文本，在文本类型下拉列表中选择动态文本，然后在 button 旁边添加一个文本框，如图 9-3 所示。

09 设置文本框的名称为 percent，其余的属性按照图 9-4 所示进行设置。

图 9-3 添加文本框　　　　　　图 9-4 文本框属性

10 回到主时间轴。从库面板拖一个 simpleslider 到舞台上。选中这个实例，打开动作面板，添加下面的代码：

```
OnClipEvent (mouseMove)
{
if (drag==1)
{
_x= _root._xmouse;
}
}
```

现在可以测试一下影片了。但是它还有些问题，滑动条移动的时候不连贯。下面就对它进行改进，让它的移动变得平滑。

11 修改上一步添加的代码，在 _x= _root._xmouse; 这一行后面加入下面这行：

```
updateAfterEvent();
```

这样将对每一个鼠标移动事件都进行响应，看起来比较平滑。如果不加这一句，当 cpu

比较繁忙的时候，它会把好几个鼠标移动事件放在一起响应。

12 滑动条总是有一个范围的，给它加上范围。选中舞台上的 simpleslider 实例，然后打开动作面板，添加另一部分代码：

```
onClipEvent (load)
{
 min= 1; //最小边界。
 max=500; //最大边界。
}
```

13 修改鼠标移动的代码，把鼠标限制在限定的范围之内。把修改 OnClipEvent (mouseMove) 处理函数改成下面的代码：

```
OnClipEvent (mouseMove)
{
    if (drag==1)
    {
      _x= _root._xmouse;
     if (_x > max)
     {
       _x = max;
     }
     if (_x < min)
     {
       _x = min;
     }
     updateAfterEvent();
    }
}
```

还没有为 simpleslider 里的动态文本框 percent 赋值，现在来做这件事情。有了最小和最大的范围，再加上当前的鼠标坐标，比例 percent 很好算，就是：

```
_root.percent=Math.floor((_x.min)/(max.min)*100);
```

14 把上行代码添加到 OnClipEvent(mouseMove) 处理函数里的 updateAfterEvent(); 这行前面。

现在再测试一下影片，比刚才的要好多了。不过还有改进的地方。不直接把滑动条移到鼠标所在的地方，而是逐步地移动，换句话说，先得到当前滑动条和当前鼠标的坐标差，然后在对当前滑动条做坐标的修正。

15 在 drag= 1 ;前面加上一句：

```
_parent.Xoffset=_x._parent._xmouse;
```

16 把 _x= _root._xmouse;改成 _x = _root._xmouse+Xoffset;

17 当这个影片刚刚加载进来的时候，文本框里显示的并不是当前滑动条所在位置的比例，所以需要手动来设置。把 _root.percent=Math.floor((_x.min)/(max.min)*100); 放在

OnClipEvent(load)的最后一行。

现在再测试一下影片，按下鼠标拖动滑动条，文本框里的数字跟着改变。

18 按 Ctrl＋F8 键新建一个影片剪辑，命名为 comslider，然后把在第一部分制作的 simpleslider 的所有帧复制到这个影片剪辑里。

注意一些代码的改动。把原来在 simpleslider 里处理鼠标移动事件的代码写成了一个函数，moveSlider()，这个函数保持滑动条跟踪鼠标并设置文本框相应的值。这些语句和前面所写的是完全一样的，只不过现在包装在一个函数里。这个函数写在 comslider 的第一帧，定义如下：

```
function moveSlider()
{
  _x = _root._xmouse+Xoffset;
  if (_x>max)
    _x=max;
  if(_x<min)
    _x=min;
  percent=Math.floor((_x.min)/(max.min)*100);
  _root.sliderMoving(sliderName,percent);
}
```

由于要创建的组件需要某些可以让用户选择的参数，所以把第一帧对 min，max 和 percent 的赋值去掉，取而代之，在组件定义对话框中把它们设置成组件的参数。

19 使用快捷键 Ctrl＋L 打开库面板。选择 comslider，单击右键，在上下文菜单中选择组件定义。

20 单击组件定义左上角的加号，添加 min，max 和 percent 三个参数，如图 9-5 所示。

由于 min，max，和 percent 是作为参数的，当 comslider 刚刚载入的时候，应该把 comslider 移到在由参数指定的位置。

21 在 comslider 的第一帧再添加下面两行代码，就可以达到要求。

```
_x=min+((max.min)*(percent/100));
_root.sliderMoving(sliderName,percent);
```

第一句，根据给定的参数计算出自身的横坐标。

第二句，是调用了一个主时间轴里的函数，因为它的路径是在 root，这是即将定义的一个函数，其作用是和滑动条控制的对象进行交互。

所有的滑动条都是跟某些对象相关的，比如说某个对象的透明度 Alpha，通过滑动条可以控制，如何让它们同步，就是上的这个函数的任务。

22 为了与被控制对象通信，必须为 comslider 添加另一个参数。如图 9-6 所示，加入一个参数为 sliderName，值和类型选默认，其实是一个字符串。

23 按 Ctrl＋F8 键创建一个影片剪辑，起名为 box。在元件编辑模式下，选择绘图工具栏的矩形工具。在 box 的舞台上画一个矩形，如图 9-7 所示。

24 回到主时间轴。从库面板里拖一个 box 的实例到舞台上。选中舞台上的 box 实例,在属性面板的实例名称文本框中输入 box1。然后从库面板中拖两个 comslider 的实例到舞台上,如图 9-8 所示。

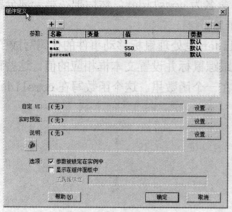

图 9-5 组件定义对话框

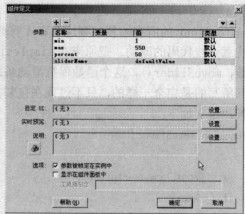

图 9-6 组件定义对话框

图 9-7 box

图 9-8 舞台

25 选中上面的 comslider 实例,在参数面板设置它的参数值,如图 9-9 所示。

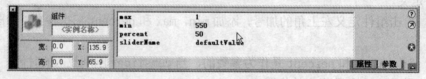

图 9-9 alphaclip 的属性

26 选中下面的 comslider 实例,在参数面板设置它的参数值,如图 9-10 所示。

27 单击主时间轴的第一帧,然后打开动作面板,添加如下的代码:

```
function sliderMoving (whichSlider,howMuch)
{
    if (whichSlider=="alphaclip")
    {
        _root.box1._alpha=howMuch;
    }
    if (whichSlider=="rotateclip")
    {
        _root.box1._rotation=(howMuch/100)*360;
    }
}
```

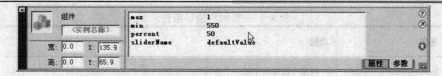

图 9-10 rotateclip 的属性

对于每一个 comslider 实例来说，它们的 sliderName 属性是不同的。利用这个属性就可以区分出到底是控制哪个对象的哪个属性。在 comslider 的实例里调用这个函数，就可以同步控制 box1 的透明度和旋转角度。

如果读者有其他的对象需要控制，只需要在主时间轴的 sliderMoving 函数里加入相应的条件语句和需要执行的操作，然后再从库面板里拖一个 comslider 的实例到舞台上，在参数面板里设置它的 sliderName 参数。这样，comslider 就可以重复使用了。

最后，测试一下影片，体会一下组件的魅力。

通过这个简单的实例，读者应该学会如何把一个影片剪辑定义成组件。这是读者使用其他组件的基础。网络上有很多已经做好的组件可以直接拿来用，同样如果读者认为自己的某个组件做的很漂亮，也可以放到网络上让大家共享。

9.2 使用用户接口组件

Flash CS5 提供了一套 Flash 用户接口组件，打开组件面板可以看到这些组件，如图9-11 所示。

表 9-1 列出了一些常用的用户接口组件，这几种组件都是我们在平时的使用中会经常用到的。接下来就用几个例子来演示几种主要的组件的使用方法。

图 9-11 用户接口组件

表 9-1　主要用户接口组件

名字	功能
RadioButton	一组互斥选择项中的一个选项
Check Box	一个单个选项
PushButton	当用户单击它或者按下回车键的时候执行某种动作
ComboBox	显示选项列表，并且可以输入其他的内容
List	显示选项列表
ScrollPane	提供一个可以滚动的小窗口查看影片剪辑
UIScrollBar	为 TextField 对象或影片剪辑的实例添加一个滚动条

📖9.2.1　ComboBox，CheckBox 和 PushButton

这个例子比较简单，适合刚开始接触用户接口组件的人。这是一个填写表单的程序，读者在图 9-12 所示的第一页里填写某些信息，然后单击 Submit 按钮就可以到图 9-13 所示的第二页显示读者提交的结果，第二页有一个 Return 按钮，单击它可以返回到第一页。

第一步就是把组件添加到舞台上，并且把他们放置在表单里。将添加一个 CheckBox，一个 ComboBox，在表单第一页和第二页分别添加一个 Button。

把一个组件添加到 Flash 文档里有两种方法，第一种是从组件面板里拖动一个组件到舞台上；第二种是双击组件面板中的某个组件，这个组件将出现在舞台中央。将组件添加到舞台上之后，Flash 将自动把它添加到库面板中。

01 新建一个 ActionScript 2.0 的 Flash 文件，创建影片的背景。把不同类的内容放到不同的层，是一个很好的习惯，为组件添加一个层，起名为 UI。将把组件放到这个 UI 层。

02 单击 UI 层的第 6 帧，按下 F7 键插入一个空白关键帧。

图 9-12　表单第一页

03 从组件面板把 CheckBox 拖到舞台上，把它放在如图 9-14 所示的位置。接下来添加 ComboBox。使用 ComboBox 组件可以创建一个简单的下拉菜单，允许用户选择菜单项。

也可以使用它做一个更复杂的下拉菜单，允许用户输入一个或者几个字母，然后自动跳到以输入串开始的菜单项。

图 9-13　表单第二页

04 从组件面板把 ComboBox 组件拖到舞台上，放到文本"Select your favorite color:"下面，如图 9-15 所示。

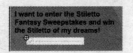

图 9-14　添加 CheckBox

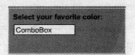

图 9-15　添加 ComboBox

接下来将使用 PushButton 组件创建两个按钮，一个放在第一页，用来提交表单的信息。第二个放在第二页，用来返回到第一页，而且用刚刚提交的信息填充各个表单项。

05 从组件面板里把 PushButton 组件拖到舞台上，把它放在表单右下角，和 name，email 文本框平行，如图 9-16 所示。

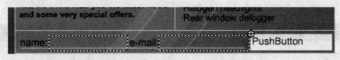

图 9-16　添加 PushButton

06 单击 UI 层的第 6 帧，从库面板里的 Flash UI 组件文件夹里把 PushButton 拖到舞台上，放在右下角，如图 9-17 所示。

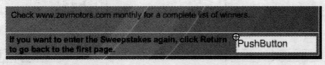

图 9-17　添加第二页的 PushButton

下面要做的就是配置组件，这样它们才能显示想要的内容。使用属性面板的参数页来配置组件的参数。

07 配置 CheckBox。选择 UI 层的第一帧，然后选择舞台上的 CheckBox。它的参数显示在了属性面板中的"组件参数"区域，如图 9-18 所示。

08 在实例名称文本框里输入 sweepstakes_box。

09 在 Label 文本框里输入 Absolutely!

10 Label Placement 参数保持默认的 right(右对齐)。表示 Label 中的内容将和

CheckBox 右边界对齐。

11 勾选 Selected 参数右侧的选框。这个选项表示 CheckBox 组件最初状态是被选中的还是没被选中。

12 配置 ComboBox。选中舞台上的 ComboBox 组件,在属性面板中的"组件参数"区域可以设置参数,如图 9-19 所示。

图 9-18　CheckBox 的参数　　　　　　　图 9-19　ComboBox 的参数

13 在实例名称文本框里输入 color_box,确保 Editable 属性没有被选中。这表示将不允许用户输入其他文本。

14 dataProvider 参数显示一个用户可选值的列表。单击 dataProvider 参数右侧的铅笔图标,在弹出的窗口中单击左上角的"+"按钮,添加一个新的值,如图 9-20 所示。

15 输入 Lightning 作为第一个值。同样的方法再添加两个值,分别为 Cobalt 和 Emerald。此时,值弹出式窗口的内容如图 9-21 所示。

图 9-20　值窗口　　　　　　　　　图 9-21　输入值的值窗口

data 参数用来指定和列表中的项目相关的值,这里没有必要使用它。

16 单击"确定"按钮关闭值窗口。

17 rowCount(行数)参数指定窗口中要显示的行数,所以把这个值改成 3。此时,属性面板中的 ComboBox 参数如图 9-22 所示。

18 配置 PushButton。选中第一帧中的 PushButton 按钮。PushButton 的参数显示在了属性面板中。

19 在实例名称文本框中输入 submit_btn;在 Label 文本框中输入 Submit;在 Click

Handler 名里输入稍后将定义的 onClick 函数。

20 选中第 6 帧的 PushButton；在实例名称文本框中输入 return_btn；在 Label 文本框中输入 Return； Click Handler 名也输入 onClick。

接下来，就要添加动作脚本了。在写具体的动作脚本之前，先对要用到的实例做一个总的了解，如表 9-2 所示。

图 9-22 配置好的 ComboBox 参数

表 9-2 实例列表

实例名称	描述
color_box	表单第一页的 combo box
sweepstakes_box	表单第一页的 check box
submit_btn	第一页的 push button，用以提交信息
name	第一页的一个输入文本框，和 name 变量相关联
email	第一页的一个输入文本框，和 email 变量相关联
return_btn	第二页的 push button，用以返回第一页
name_result	第二页的一个动态文本框，用来显示用户性命
email_result	第二页的一个动态文本框，用来显示用户的 Email 地址
color_result	第二页的一个动态文本框，用来显示用户选择的颜色
sweepstakes_text	第二页的一个动态文本框，根据第一页的 check box 是否被选中，显示不同的信息

为组件所写的动作脚本是放在关键帧里的。当一个 PushButton 被激活的时候，它的 Click Handler 参数指明了将发生什么样的动作。默认的值是 onClick，意味着单击任何一个 PushButton 的时候，它都会被调用。

21 添加一个新层，命名为 Actions。这个层将用来放在整个影片运行期间一直运行的动作脚本。

22 执行"窗口"/"动作"菜单命令，打开动作面板。

23 首先要写的是 PushButton 的 onClick 函数。这是一个条件分支函数,如果 Submit 按钮被单击,那么将执行 getResults 函数（稍后定义这个函数),然后跳到第二页;如果是 Return 按钮被单击,那么它将跳到第一页。

在动作面板中输入下面的代码:

```
function onClick(btn)
{
  if (btn == submit_btn)
  {
    getResults();
    gotoAndStop("pg2");
  } else if (btn == return_btn)
  {
    gotoAndStop("pg1");
  }
}
```

24 现在要写的是 getResults 函数。这个函数将从 checkbox 和 combobox 中取得用户选择的结果。把下面的代码输入动作面板:

```
//从第一页得到结果
function getResults()
{
  //如果选择了CheckBox，那么getValue返回True，否则返回False
  sweepstakes_result = sweepstakes_box.getValue();
  //getSelectedItem()将选返回选择的项目，
  //它的label属性就是显示在combobox弹出式菜单里的内容。
  color_result = color_box.getSelectedItem().label;
  //返回被选择项目的下标
  selectedItem = color_box.getSelectedIndex();
}
```

25 再写一个函数, initValue ()。这个函数将根据输入的信息初始化第一页的各个文本框和组件。当单击了 Return 按钮之后,将调用这个函数。

```
// initialize the values on pg1 with the values the user has previously selected
function initValue()
{
  sweepstakes_box.setValue(sweepstakes_result);
  if (!started)
  {
    color_box.setSelectedIndex(0);
    started = true;
  } else
```

```
        {
        color_box.setSelectedIndex(selectedItem);
        }
    }
```

26 在所有 ActionScript 最前面加上一行对 initValue () 函数的调用，完成之后，最后的代码清单如下：

```
initValue();
//push button callback
function onClick(btn)
{
    if (btn == submit_btn)
    {
        getResults();
        gotoAndStop("pg2");
    } else if (btn == return_btn)
    {
        gotoAndStop("pg1");
    }
}

// initialize the values on pg1 with the values the user has previously selected
function initValue()
{
    sweepstakes_box.setValue(sweepstakes_result);
    if (!started)
    {
        color_box.setSelectedIndex(0);
        started = true;
    } else
    {
        color_box.setSelectedIndex(selectedItem);
    }
}

// get results from pg 1
function getResults()
{
    sweepstakes_result = sweepstakes_box.getValue();
    color_result = color_box.getSelectedItem().label;
    selectedItem = color_box.getSelectedIndex();
}
```

已经完成了整个影片需要的脚本。接下来要添加的就是第一页和第二页所在的那两帧的脚本。

27 添加一个新层，命名为 Frame Action。选中第一帧，并插入一个空白关键帧，在属性面板中将帧命名为 pg1。

28 选中第六帧，插入一个空白关键帧，并且在属性面板的帧文本框中输入 pg2。

29 选中 Frame Action 层的第一帧，然后在动作面板中输入：

```
stop();
```

前面说过，根据是否选择了 checkbox，将在一个文本框中显示不同的内容。

30 选中 Frame Action 层第 6 帧，然后在动作面板中添加如下的代码：

```
// sweepstakes text
if (sweepstakes_result==true)
{
    sweepstakes_text = "You have been entered in the Stiletto Fantasy sweepstakes. Winners
    are announced at the end of each month.";
} else
{
    sweepstakes_text = "You have not been entered in the Stiletto Fantasy sweepstakes.";
}
```

31 选择菜单"控制"/"测试影片"预览动画。

9.2.2 使用 RadioButton

这个实例是一个进制转换器，在图 9-23 所示的第一页选择一个初始的进制，单击 Next 按钮就可以到达第二页，如图 9-24 所示。在最上方的输入文本框输入一个十进制数，然后单击右边的"CONVERT"按钮，下面的 3 个文本框中就显示出对应的二进制、八进制、十六进制的值。

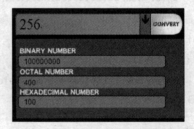

图 9-23　选择进制　　　　　　　　　图 9-24　十进制数转换到其他进制数

这个例子用到了 RadioButton，涉及到 4 种进制，二进制、八进制、十进制、十六进制。这个例子的主要目的是让读者了解 RadioButton 的使用，同时复习函数，数组，字符串的用法。

在制作实例之前先介绍这几个进制使用的数字和转化过程。

● 十进制使用数字 0～9。

● 二进制使用数字 0 和 1。

- 八进制使用数字 0～7。
- 十六进制使用数字 0～9 和字母字母 A, B, C, D, E, F, 分别代表 10, 11, 12, 13, 14, 15。

接下来介绍具体的转化过程。以最简单的情况为例，就是从十进制转化到二进制。如果输入一个十进制的数 82，首先试着找到所有的比这个数小的所有 2 的整数次幂。它们是 1，2，4，8，16，32，64。然后把它们反方向写成一排：64，32，16，8，4，2，1。

用 64 处 82，结果是 1，就是说 82 里有一个 64，算出余数是 18。然后用 32 除 18，结果是 0，余数是 18。接着进行下去，直到算到用 1 除某个余数。把所有的商按顺序排成一列，对于 82 来说，就是 1010010。最终结果就是它，也就是说，十进制数 82，对应二进制数 1010010。

对于八进制，使用 8 的整数次幂；对于十六进制，使用 16 的整数次幂。

01 在主时间轴的第一帧画一个黑色矩形，然后在矩形上方放一个静态文本框。文字内容是：CHOOSE YOUR NUMBER SYSTEMS(选择读者要转换的进制)。然后在黑色矩形左下方再画一个蓝色的矩形，如图 9-25 所示。

02 添加 RadioButton。打开组件面板，从组件面板拖一个 RadioButton 到舞台上。从库面板里再拖 3 个 RadioButton 到舞台上。按照图 9-26 所示布局摆放。

图 9-25　背景

图 9-26　添加 RadioButton

03 选中第一个 RadioButton 实例，在属性面板的"组件参数"区域设置它的参数值，设置 Label 属性值为 Radiobox1，如图 9-27 所示。

04 选中第二个 RadioButton 实例，在属性面板的"组件参数"区域设置 Label 属性值为 Radiobox2。

05 选中第三个 RadioButton 实例，在属性面板的"组件参数"区域设置 Label 属性值为 Radiobox3。

06 选中第四个 RadioButton 实例，在属性面板的"组件参数"区域设置 Label 属性值为 Radiobox4。

07 添加一个按钮，如图 9-28 所示。

图 9-27　第一个 RadioButton 的参数

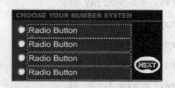

图 9-28　添加按钮

08 在动作面板中为这个按钮添加下面的代码：

```
on (release)
{
  if (radioBox1.getState ())
  {
    nextFrame ();
  }
  if (radioBox2.getState ())
  {
    gotoAndStop (_currentframe + 2);
  }
  if (radioBox3.getState ())
  {
    gotoAndStop (_currentframe + 3);
  }
  if (radioBox4.getState ())
  {
    gotoAndStop (_currentframe + 4);
  }
}
```

按钮释放时会根据当前哪一个 Radio Button 处于活动状态，影片跳到相应的关键帧。

09 创建 4 个图形元件。它们的内容如图 9-29～图 9-32 所示。

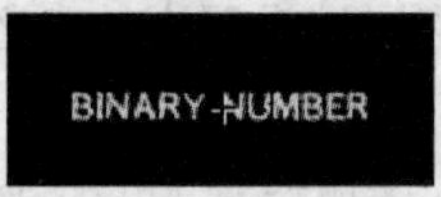

图 9-29 binarylabel 　　图 9-30 octallabel 　　图 9-31 decimallabel 　　图 9-32 hexalabel

10 在主时间轴的第一帧添加自定义转换函数和一些变量的初始化脚本。

```
stop ();
array11 = new Array ();
array10 = new Array ();
array9 = new Array ();
array8 = new Array ();
array3 = new Array ();
array2 = new Array ();
array7 = new Array ();
array6 = new Array ();
array5 = new Array ();
array4 = new Array ();
array1 = new Array ();
array = new Array ();
```

```
function decimalToHexadecimal (number)
{
    array5. splice (0) ;
    array4. splice (0) ;
    for (i = 0; i <= number; i ++)
    {
        binary = Math. pow (16, i) ;
        if (binary > number)
        {
            arrayelement = i . 1;
            break;
        }
        array5 [i] = binary;
    }
    for (j = arrayelement; j >= 0; j ..)
    {
        if (j == arrayelement)
        {
            binaryelement = int (number / array5 [j]);
            binaryremainder = int (number % array5 [j]);
            if (binaryelement == 10)
            {
                binaryelement2 = 'A';
            } else if (binaryelement == 11)
            {
                binaryelement2 = 'B';
            } else if (binaryelement == 12)
            {
                binaryelement2 = 'C';
            } else if (binaryelement == 13)
            {
                binaryelement2 = 'D';
            } else if (binaryelement == 14)
            {
                binaryelement2 = 'E';
            } else if (binaryelement == 15)
            {
                binaryelement2 = 'F';
            } else
            {
```

```
      binaryelement2 = binaryelement;
    }
    array4 [ 0 ] = binaryelement2;
  } else
  {
    binaryremainder1 = binaryremainder;
    binaryremainder = int (binaryremainder % array5 [j]);
    binaryelement = int (binaryremainder1 / array5 [j]);
    if (binaryelement == 10)
    {
      binaryelement2 = 'A';
    } else if (binaryelement == 11)
    {
      binaryelement2 = 'B';
    } else if (binaryelement == 12)
    {
      binaryelement2 = 'C';
    } else if (binaryelement == 13)
    {
      binaryelement2 = 'D';
    } else if (binaryelement == 14)
    {
      binaryelement2 = 'E';
    } else if (binaryelement == 15)
    {
      binaryelement2 = 'F';
    } else
    {
      binaryelement2 = binaryelement;
    }
    array4 [arrayelement . j] = binaryelement2;
  }
}
return array4. join ("");
}
function decimalToOctal (number)
{
  array2. splice(0);
  array3. splice(0);
  for (i = 0; i <= number; i ++)
```

```
{
  binary = Math.pow (8, i);
  if (binary > number)
  {
    arrayelement = i . 1;
    break;
  }
  array3 [i] = binary;
}
for (j = arrayelement; j >= 0; j ..)
{
  if (j == arrayelement)
  {
    binaryelement = int (number / array3 [j]);
    binaryremainder = int (number % array3 [j]);
    array2[ 0 ] = binaryelement;
  } else
  {
    binaryremainder1 = binaryremainder;
    binaryremainder = int (binaryremainder % array3 [j]);
    binaryelement = int (binaryremainder1 / array3 [j]);
    array2 [arrayelement . j] = binaryelement;
  }
}
return array2.join ("");
}


function binaryToDecimal (number)
{
  array7.splice(0);
  array6.splice(0);
  for (i = 0; i <= length (number) . 1; i ++)
  {
    array6 [i] = Math.floor (number / Math.pow (10, length (number) . i . 1))
            . Math.floor (number / Math.pow (10, length (number) . i)) * 10;
  }
  decimal1 = 0;
  for (j = 0; j < array6.length; j ++)
  {
    array7 [j] = Math.pow (2, array6.length . j . 1);
```

```
        decimal = array7 [j] * array6 [j];
        decimal1 += decimal;
    }
    return decimal1;
}
function decimalToBinary (number)
{
    array1. splice (0);
    array. splice (0);
    for (i = 0; i <= number; i ++)
    {
        binary = Math. pow (2, i);
        if (binary > number)
        {
            arrayelement = i . 1;
            break;
        }
        array [i] = binary;
    }
    for (j = arrayelement; j >= 0; j..)
    {
        if (j == arrayelement)
        {
            binaryelement = int (number / array [j]);
            binaryremainder = int (number % array [j]);
            array1[ 0 ] = binaryelement;
        } else
        {
            binaryremainder1 = binaryremainder;
            binaryremainder = int (binaryremainder % array [j]);
            binaryelement = int (binaryremainder1 / array [j]);
            array1 [arrayelement . j] = binaryelement;
        }
    }
    return array1. join ("");
}
function octalToDecimal (number)
{
    array9. splice (0);
    array8. splice (0);
```

```
    for (i = 0; i <= length (number) . 1; i ++)
    {
      array8 [i] = Math. floor (number / Math. pow (10, length (number) . i . 1))
                 . Math. floor (number / Math. pow (10, length (number) . i)) * 10;
    }
    decimal1 = 0;
    for (j = 0; j < array8. length; j ++)
    {
      array9 [j] = Math. pow (8, array8. length . j . 1);
      decimal = array9 [j] * array8 [j];
      decimal1 += decimal;
    }
    return decimal1;
}
function hexadecimalToDecimal (string)
{
    array11. splice (0);
    array10. splice (0);
    string. split ();
    for (i = 0; i < string. length; i ++)
    {
      array10 [i] = string. substr (i, 1);
      if (array10 [i] == "A")
      {
        array10 [i] = 10;
      } else if (array10 [i] == "B")
      {
        array10 [i] = 11;
      } else if (array10 [i] == "C")
      {
        array10 [i] = 12;
      } else if (array10 [i] == "D")
      {
        array10 [i] = 13;
      } else if (array10 [i] == "E")
      {
        array10 [i] = 14;
      } else if (array10 [i] == "F")
      {
        array10 [i] = 15;
```

```
        } else
        {
            array10 [i] = Number (string. substr (i, 1));
        }
    }
    decimal1 = 0;
    for (j = 0; j < string. length; j ++)
    {
        array11 [j] = Math. pow (16, string. length . j . 1);
        decimal = array11 [j] * array10 [j];
        decimal1 += decimal;
    }
    return decimal1;
}
```

11 在第二帧，第三帧，第四帧，第五帧插入 4 个关键帧。

12 按照图 9-33 的布局在第二帧中添加对象。首先在舞台顶端添加一个输入文本框，命名为 input。然后在它的下面添加前面创建的图形元件，在每一个图形元件下面添加动态文本框，总共 3 个，将它们分别命名为 output1, output2, output3。最后在输入文本框的右侧添加一个 Convert 按钮，为这个按钮添加如下的脚本：

```
on (release, keyPress "<Enter>")
{
    numinput = input;
    output1 = decimalToBinary (numinput);
    output2 = decimalToOctal (numinput);
    output3 = decimalToHexadecimal (numinput);
}
```

注意到第一行有一个 keyPress "<Enter>"，这是说同时响应 Enter 键按下的消息，换句话说，按下这个按钮和按下回车键是一样的作用。

13 在第三帧按图 9-34 所示进行布局，将输入框和动态文本框分别命名为 input, output1, output2, output3。

这一帧是从二进制转化到其他的进制。为按钮 Convert 添加如下的代码：

```
on (release, keyPress "<Enter>")
{
    numinput = input;
    output1 = binaryToDecimal (numinput);
    output2 = decimalToOctal (output1);
    output3 = decimalToHexadecimal (output1);
}
```

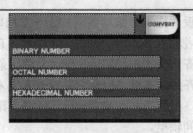

图 9-33　第二帧的布局图　　　　　　　　图 9-34　第三帧的布局

14 在第四帧按照图 9-35 所示进行布局，文本框采用和前面两帧一样的名称。这一帧是从八进制转换到其他进制。所以，为按钮 Convert 添加下面的代码：

```
on (release, keyPress "<Enter>")
{
numinput = input;
output1 = octalToDecimal (numinput);
output2 = decimalToBinary (output1);
output3 = decimalToHexadecimal (output1);
}
```

15 在第五帧按照图 9-36 进行布局，同样，文本框采用和前面三帧一样的名称。这一帧是从十六进制转化到其他的进制。为按钮 Convert 添加下面的代码：

```
on (release, keyPress "<Enter>")
{
numinput = input;
output1 = hexadecimalToDecimal (numinput);
output2 = decimalToBinary (output1);
output3 = decimalToOctal (output1);
}
```

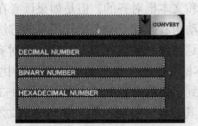

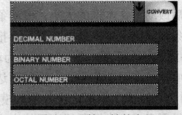

图 9-35　第四帧的布局　　　　　　　　图 9-36　第五帧的布局

16 按 Ctrl＋Enter 键，开始进入测试动画。

9.2.3　使用 ScrollBar

使用滚动条组件，可以用来为动态文本框或者输入文本框添加水平或者垂直滚动条。通过拖动滚动条可以显示或者输入更多的内容，而不需要增大文本框占用的面积。

在 ComboBox，ListBox 和 ScrollPane 组件中都使用了滚动条组件。把它们中的任何一个添加到 Flash 文档里，都会自动的在库面板里添加滚动条组件。需要注意的是，如果库面板里已经有了一个滚动条，不允许从组件面板再拖一个滚动条到 Flash 文档里。

当把一个滚动条拖到舞台上的动态文本框或者输入文本框上的时候，滚动条自动对齐到文本框最近的水平或者垂直边。一旦滚动条对齐到文本框，Flash 自动为滚动条实例添加 targetTextField 参数值。尽管滚动条自动对齐到文本框，但是它并没有和文本框成为一组。因此，移动或者删除文本框的时候，也应该相应的移动或者删除滚动条。滚动条和文本框可以放在不同的层，但必须放在同一个时间轴里。

下面就来看看如何为输入文本框和动态文本框添加滚动条组件。

01 选择绘图工具栏的文字工具，使用文字工具在舞台上画一个文本框。在属性面板的文本类型弹出式菜单中选择"输入文本"或者"动态文本"。这里选择动态文本。

02 在实例名称文本框中输入"richtext"。在属性面板上的"行为"下拉列表中选择"多行不换行"。

03 添加一个垂直的滚动条。打开组件面板，拖一个 UIScrollBar 组件到文本框的边界。选中这个滚动条，在属性面板中查看它的参数，如图 9-37 所示。

参数 direction 决定滚动条是水平的还是垂直的。参数 ScrollTargetName 是和滚动条相关的文本框的实例名。

04 在 direction 参数右侧的下拉列表中选择 vertical，即将滚动条设置为垂直的。ScrollTargetName 参数的值就是当前动态文本框的实例名称。然后把这个滚动条拖到文本框的右边界，直到它自动对齐，如图 9-38 所示。

图 9-37　滚动条的参数

图 9-38　添加垂直滚动条

当滚动条被添加到文本框上的时候，是自动和文本框对齐的。但是如果读者在添加了滚动条之后改动了文本框的大小，滚动条不会自动跟着改动。一个比较简单的方法是先把一个滚动条拖动到文本框之外，然后再拖回来，这样滚动条就又自动和文本框对齐了。

05 添加一个新层，将在这一层为动态文本框添加一个水平的滚动条。选中第一帧，从库面板中拖一个滚动条到文本框的下边界，直到它自动对齐到文本框，如图 9-39 所示。

06 双击动态文本框，进入输入模式。 从其他地方复制一些文字到这个文本框里，当然文字量要多于文本框所能容纳的文字量。

07 测试动画。拖动水平和垂直的滚动条，看看它们的效果，如图 9-40 所示。

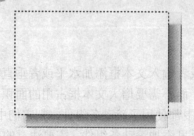

图 9-39　添加水平滚动条

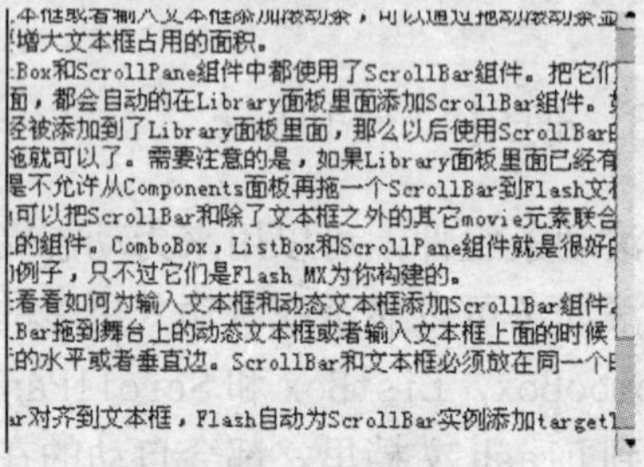

图 9-40　测试效果

9.2.4 使用 ScrollPane

ScrollPane 是一个有水平和垂直滚动条的小窗口,可以在这个窗口里显示影片剪辑。由于有滚动条,所以可以使用很小的一块面积显示很大的内容。ScrollPane 组件只显示影片剪辑,不要用 ScrollPane 来显示文本,UIScrollBar 组件完全可以解决文本的所有问题。

为了在 ScrollPane 里显示影片剪辑,读者必须为 ScrollPane 的 ScrollContent 参数指定一个影片剪辑的 symbol linkage ID。要显示的影片剪辑必须在库面板里,但是不要求一定在舞台上。而且,影片剪辑必须在链接属性对话框里选中"为动作脚本导出"。

在 ScrollPane 组件对应的属性面板中,可以设置以下一些参数:

- ScrollDrag:如果勾选了此项,则允许拖动 ScrollPane 窗口中显示的内容;否则,只能通过滚动条来滚动显示内容。默认不选中。
- HorizontalScrollPolicy:该参数指定水平滚动条显示的方式。如果选择 on,则显示水平滚动条;off 表示不显示水平滚动条;auto 表示当需要的时候显示。
- HorizontalLineScrollSize:设置每次单击滚动箭头时水平滚动条移动多少个单位。默认值为 5。
- HorizontalPageScrollSize:设置每次单击滚动条轨道时垂直滚动条移动多少个单位。默认值为 20。
- Source:指定要加载到滚动窗格中的内容。该值可以是本地 SWF 或 JPEG 文件的相对路径,或 Internet 上的文件的相对或绝对路径。也可以是设置为"为 Action Script 导出"的库中的影片剪辑元件的链接标识符。
- VerticalLineScrollSize:设置每次单击滚动箭头时垂直滚动条移动多少个单位。默认值为 5。
- VerticalPageScrollSize:设置每次单击滚动条轨道时垂直滚动条移动多少个单位。默认值为 20。
- VerticalScrollPolicy:该参数指定垂直滚动条显示的方式。如果选择 on,则显示垂直滚动条;off 表示不显示垂直滚动条;auto 表示当需要的时候显示。

如果想改变 ScrollPane 的大小,可以使用自由变形工具。

图 9-41 所示是在 ScrollPane 中显示影片剪辑的效果。通过拖动 ScrollPane 的垂直滚动条和水平滚动条,就可以看到影片剪辑的不同部分。

下面通过一个简单实例介绍 ScrollPane 组件的用法。

01 创建一个新的文档。从组件面板拖一个 ScrollPane 组件到舞台上。

02 选择绘图工具栏的自由变形工具。然后单击舞台上的 ScrollPane,把鼠标移到右下角的控制点,在鼠标指针变成一个倾斜的双向箭头的时候,向右下方拖动,放大 ScrollPane。

03 选择菜单"文件"/"导入到库"命令,导入一幅 GIF 动画到库面板中。

04 按 Ctrl+F8 键创建一个新的影片剪辑,命名为 sassy,然后把刚刚导入的动画图片拖到这个影片剪辑中。

05 在库面板里选择 sassy 影片剪辑,然后单击鼠标右键,在上下文菜单里选择"属性"。

06 在打开的对话框中单击"高级"折叠按钮，然后在对话框的"链接"区域选择 "为 ActionScript 导出"和"在第 1 帧导出"。在标识符文本框里输入 sassy。

读者需要注意的是，ActionScript 3.0 不支持此功能。

07 回到主时间轴，选中 ScrollPane。在属性面板中，把 Source 参数的值设置为 sassy。

08 按 Ctrl＋Enter 键测试 ScrollPane，效果如图 9-42 所示。

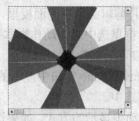

图 9-41　ScrollPane 中的影片剪辑　　　　图 9-42　在 ScrollPane 显示位图

9.3　自定义滚动文本框

　　Flash CS5 提供的滚动条组件已经可以完全胜任所有动态文本框的要求。在本节中，将会介绍如何做一个动态文本框。安排这一个例子的目的，是为了让读者看看如何把影片剪辑和 ActionScript 结合起来综合运用，重点关注的是中间的方法和思想。

📖 9.3.1　添加按钮

01 新建一个文档。按 Ctrl＋F8 键创建一个影片剪辑，起名为 containerMC。在元件编辑模式下，把 containerMC 的当前层该名为 up button。然后从公用库里拖一个向上的箭头形状的按钮到这一层。

02 在 containerMC 的时间轴添加一个新层，起名为 down button。从公用库里拖一个向下的箭头形状的按钮到这一层。

📖 9.3.2　制作文本

　　在 containerMC 的时间轴添加一个新层，起名为 text box。选择绘图工具栏的文字工具，在这一层添加一个文本框。选中这个文本框，在属性面板的文本类型弹出式菜单中选择"动态文本"，名称为 daTextBox。

📖 9.3.3　为按钮添加代码

　　选中舞台上向上的按钮，打开动作面板，添加如下的代码：

```
on( press )
{
    scrolling = "up";
```

```
    frameCounter = speedFactor;
}
on( release, releaseOutside )
{
    scrolling = 0;
}
```

选中舞台上向下的按钮添，打开动作面板，添加如下的代码：

```
on( press )
{
    scrolling = "down";
    frameCounter = speedFactor;
}
on( release, releaseOutside )
{
    scrolling = 0;
}
```

9.3.4 制作文本边框

在 containerMC 的时间轴添加一个新层，起名为 outline。选择绘图工具栏的矩形工具，选择边框颜色为黑色，填充颜色无，在舞台上画一个只有边框的矩形，如图 9-43 所示。

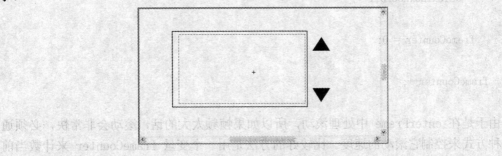

图 9-43 添加边框

9.3.5 添加 containerMC 实例

回到主时间轴。从库面板里拖一个 containerMC 实例到舞台上。

选中舞台上的 containerMC 实例，打开动作面板，添加如下的代码：

```
onClipEvent (load)
{
    daTextBox = "Go ahead, press the down arrow. The text moves, it&apos;s magic. Believe
    it or not, you&apos;ll be able to do the same thing by the end of the day. Seriously,
    and I&apos;m not just saying that because I need to insert filler in here so that I can
```

showcase the scroller. Oh no, I believe in you. You can do this. You are, by far, the most serious candidate for completing this tutorial I've seen today. And that new haircut is lovely. You know, if I could know for sure that you're a woman, I'd go out with you. Not that I'm flirting with you or anything. I mean, for all I know, you could be a 450 pounds sumo wrestler and I wouldn't notice. Although, beauty is in the eye of the beholder. Unless you're talking about the crappy movie by that name. What was I talking about?</FONT></P>";

```
    scrolling = 0;
    frameCounter = 1;
    speedFactor = 3;
  }
onClipEvent (enterFrame)
{
  if( frameCounter % speedFactor == 0)
  {
    if( scrolling == "up" && daTextBox.scroll > 1)
    {
      daTextBox.scroll..;
    }
    else if( scrolling == "down" && daTextBox.scroll < daTextBox.maxscroll)
    {
      daTextBox.scroll++;
    }
    frameCounter = 0;
  }
  frameCounter++;
}
```

　　由于是在 enterFrame 中处理滚动，所以如果帧频太大的话，滚动会非常快，必须通过某种方式来控制它滚动的速度。比较好的方法是用一个变量 frameCounter 来计数当前所在帧，如果那个变量能被某个值 speedFactor 整除，那么就滚动，否则什么也不做。

　　然而，当第一次单击按钮的时候，希望能得到最快的响应，所以把 frameCounter 设置成 speedFactor，下一次 enterFrame 消息就会被响应，这就是以上的比较难理解的代码。

　　修改文本框中文本的来源，从外部文件读取文本数据。

　　固定文本框中的文本很容易，但是如果以后想改变文本框的内容的话，就必须要重新编辑源码，这太不方便了。所以，将在 Flash 运行的时候，从外部文件读文本。

　　把上面填入文本框里的文本复制到一个空的文本文件，使用记事本就可以完成要求。读者的所有的文字应该都在一行里，除非读者使用了自动换行功能。现在，在所有文字的最前面添加上"daTextBox＝"(注意没有引号)。保存这个文件为 text.txt，放在和影片源文件同一个目录下面。

外部文件已经准备好了，现在需要修改 containerMC 的代码。选中舞台上的 containerMC 实例，打开动作面板，把脚本窗口中的代码用下面的代码替换：

```
onClipEvent (load)
{
    this.loadVariables("text.txt");
    scrolling = 0;
    frameCounter = 1;
    speedFactor = 3;
    needInit = false;
}

onClipEvent (enterFrame)
{
    if( needInit )
    {
        if(daTextBox.maxscroll > 1)
        {
            //Text is loaded!
            needInit = false;
        }
    }

    if( frameCounter % speedFactor == 0)
    {
        if( scrolling == "up" && daTextBox.scroll > 1)
        {
            daTextBox.scroll..;
        }
        else if( scrolling == "down" && daTextBox.scroll < daTextBox.maxscroll)
        {
            daTextBox.scroll++;
        }
        frameCounter = 0;
    }
    frameCounter++;
}

onClipEvent (data)
{
    needInit = true;
}
```

添加的第一句代码就是 loadVariables 语句。它从 text.txt 文件里读取变量。当 Flash 打开文本文件，看见了 daTextBox＝text.txt 中的文本，它就把内部变量 daTextBox 设置成 text.txt 中的文本。注意，使用了"this"操作符，代表当前的影片剪辑，这就是告诉 Flash 想把文本文件中的内容读入 containerMC 里，而不是主时间轴或者其他的影片剪辑里。

LoadVariable 这行让 Flash 从一个文件读数据到影片中。当文本文件在远程的一个服务器上的时候，Flash 必须首先和它建立连接，然后开始接收数据，这需要一定的时间。希望有一种途径可以知道文件什么时候被全部读进来。当完成读文件的任务后，可以做一些其他的工作，比如说显示"ready"。

所以，要介绍另一个影片剪辑事件，data。当一个文本文件用 loadVariables 函数读完之后，data 事件就被触发。所以当 data 事件被触发的时候，就知道文件已经读进 Flash 里了。

但是光有这些机制知道文件已经读进来还不够，当 Flash 把一个文件读进一个影片以后，它要分析这个文件，分析文件也需要时间，所以说尽管文本文件已经读进来了，但是 Flash 可能会延迟一到两帧把这些文本内容填充到文本框里。

所以，加入了另外一个方法。首先，把 needInit 变量设置为 false。当文本文件读进来之后，data 事件被触发，变量 needInit 被设置为 true。在 enterFrame clip 事件里，引发了一个 if 判断语句的执行，这个 if 语句检查文本框的 maxscroll 属性是否已经被更新，如果已经被更新的话，它一定大于 1，这就意味这文本文件已经被读进来，而且也已经分析完了。

图 9-44 表示了这个过程。

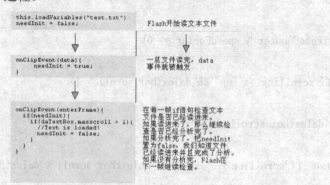

图 9-44　读取文件的过程

去掉小手图标🖑。可能读者已经发现，在 Flash 里使用按钮的时候，每当鼠标移到按钮上的时候，鼠标指针就会变为小手的形状。在某些情况下，这个功能很有用，因为它指示出了什么区域是可以单击的。然而，在这个例子里，这个小手非但没有用反而会出问题。首先，已经知道有一个滚动条可以单击，所有没有必要显示这种指示信息。其次，小手指针不是很精确，最终要模拟每天使用的 Windows 滚动条，从没有见过 Windows 滚动条里显示小手指针的。

不幸的是，Flash 里没有某项设置可以隐藏按钮上的小手指针，需要自己想办法来去掉它。

使用影片剪辑来代替向上和向下的按钮，进入 containerMC 影片剪辑，删除掉 up 和 down 按钮。

现在按 Ctrl＋F8 键创建一个影片剪辑，起名为 scroll button up。在元件编辑模式下，在第一帧放一张按钮普通状态（没有按下）的图片，如图 9-45 所示。

选中 upMC 的第二帧，按下 F6 键插入一个关键帧。在第二帧放一张按钮被按下的图片，如图 9-46 所示。

图 9-45　没有按下

图 9-46　按钮按下

选中第一帧，打开动作面板，添加一行代码：

```
stop();
```

按照和上面相同的步骤，创建另外一个影片剪辑，起名为 scroll button down。当然，第一帧和第二帧的两幅图片要换成箭头向下的按钮图片。

双击库面板里的 containerMC，回到 containerMC 的时间轴。单击 up button 层，然后从库面板里拖一个 scroll button up 实例到 containerMC 的舞台上。选中这个 scroll button up 的实例，在属性面板的实例名称文本框中输入 up。

单击 down button 层，然后从库面板里拖一个 scroll button down 实例 containerMC 的舞台上。选中这个 scroll button down 的实例，在属性面板的实例名称文本框中输入 down。此时的 containerMC 如图 9-47 所示。

图 9-47　containerMC

回到主时间轴，从库面板拖一个 containerMC 到舞台上。

选中舞台上的 containerMC 实例，打开动作面板，添加下面的代码：

```
onClipEvent (mouseDown)
{
    if(up.hitTest(_root._xmouse,_root._ymouse))
    {
        scrolling = "up";
        frameCounter = speedFactor;
```

```
            up.gotoAndStop(2);
        }
        if(down.hitTest(_root._xmouse,_root._ymouse))
        {
            scrolling = "down";
            frameCounter = speedFactor;
            down.gotoAndStop(2);
        }
        updateAfterEvent();
    }

    onClipEvent (mouseUp)
    {
        scrolling = 0;
        up.gotoAndStop(1);
        down.gotoAndStop(1);
        updateAfterEvent();
    }
```

当鼠标按下和释放的时候，分别触发 mouseDown 和 mouseUp 消息。现在读者可能会想，难道 onClipEvent(mouseDown) 和 on(press) 不是一样的吗？当然是不一样的。

第一，onClipEvent(mouseDown) 只适用于影片剪辑；而 on(press) 只适用于按钮。

第二，当读者在一个按钮区域外面单击鼠标的话，按钮的 on(press) 不会被触发，然而，对于 onClipEvent(mouseDown) 来说，即使读者在离影片剪辑 1000 象素远处单击鼠标，它也会被触发。

所以 onClipEvent(mouseDown) 有一个很大的优点，只需要一段代码，就可以控制几个影片剪辑的击键动作。onClipEvent(mouseUp) 也是一样的道理。

代码的第二行是：

```
if(up.hitTest(_root._xmouse,_root._ymouse))
```

hitTest 函数检查某个坐标点是否在调用的影片剪辑内部，如果在，那么返回 true，否则返回 false，这里的调用者就是影片剪辑 Up，被检查的坐标是鼠标在主时间轴里的坐标值，mouseDown 和 hitTest 函数联合起来，完成了和 on(press) 同样的功能。

接下来的两行和前面按钮里写的代码是一样的，它们的作用也是和在按钮里一样。变量 scrolling 被设置成 up，通知 onClipEvent(enterFrame) 函数向上滚动；变量 frameCounter 设置成 speedFactor，就可以得到即时的响应，这和在滚动时使用求余数来跳过某些帧是相关的。接下来的一行让影片剪辑 up 跳到它的第二帧，显示它被按下的状态。

第二个 if 语句和第一个的作用是一样的，只不过是为影片剪辑 down 写的。mouseDown 事件的消息处理函数以 updateAfterEvent() 函数结束。通常，每一帧都会刷新屏幕，使用 updateAfterEvent() 函数，鼠标一按下屏幕就立刻被刷新。这就可以给一个即时响应的效果。如果想看看我上所说的到底是什么意思，可以把影片的 framerate 改成 2fps，然后再去掉 updateAfterEvent()函数，单击 up 或者 down 影片剪辑。是不是很吃惊？

接下来，就是 onClipEvent(mouseUp)函数，每当鼠标被释放，就会触发这个事件处理函数。所做的首先是重置 scrolling 变量，然后把两个影片剪辑按钮的状态跳到它们相应的鼠标释放的状态。又一次的使用了 updateAfterEvent()函数来即时刷新屏幕。

正如读者所看到的，把以前的按钮的代码都取出来，并把它们都放到 containerMC 里，由于影片剪辑不是按钮，所以在鼠标滑过它们的时候小手指针不会出现。

9.3.6 制作滚动条

一个滚动条如果要工作，那么它必须具有以下的一些机制。首先，他必须在某些限制条件下可以拖动，它的位置必须可以指示文本框的滚动；它还必须根据文本的长度来缩放；通过这个方法告诉使用者文本有多长。比如说，如果文本的长度是文本框可视区域的两倍，那么滚动条应该正好是它的最大高度的一半高度。一个滚动条高度越小，证明有更多的文本内容；最后，在单击向上和向下按钮的时候，它还必须可以滚动。

绘制滚动条。按 Ctrl＋F8 键创建一个影片剪辑，起名为 scrollbar。在元件编辑模式下，在 scrollbar 的舞台上放一张滚动条的图片。

选中这个图片，一定要确保滚动条的顶端放在坐标为(0, 0)的位置，也就是那个十字所在的位置，如图 9-48 所示。这样，缩放影片剪辑 scrollbar 的时候，只有 scrollbar 的底端缩放，而顶端不动。

双击库面板中的 containerMC，回到 containerMC 的时间轴。添加一个新层，起名为 scrollbar。从库面板里拖一个 scrollbar 到 containerMC 的 scrollbar 层。

选中 scrollbar 的实例，在属性面板的实例名称文本框中输入 scrollbar。并在 containerMC 里把 scrollbar 放在 y 坐标为 0 的位置，让 containerMC 和 scrollbar 的两个表示原点的十字在同一条水平线上，如图 9-49 所示。

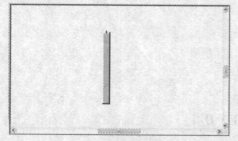

图 9-48　滚动条

图 9-49　添加滚动条后的 containerMC

回到主时间轴。选中舞台上的 containerMC 实例，然后打开动作面板，用下面的已经修改后的代码代替原来的代码：

```
onClipEvent (load)
{
    this.loadVariables("text.txt");
    scrolling = 0;
    frameCounter = 1;
```

```
speedFactor = 3;
numLines = 7;
origHeight = scrollbar._height;
origX = scrollbar._x;
needInit = false;
function initScrollbar()
{
    var totalLines = numLines + daTextBox.maxscroll . 1;
    scrollbar._yscale = 100*(numLines)/totalLines;
    deltaHeight = origHeight . scrollbar._height;
    lineHeight = deltaHeight/(daTextBox.maxScroll . 1);
}
function updateScrollBarPos()
{
    scrollbar._y = lineHeight*(daTextBox.scroll . 1);
}
}
onClipEvent (enterFrame)
{
    if( needInit )
    {
        if(daTextBox.maxscroll > 1)
        {
            initScrollbar();
            needInit = false;
        }
    }
    if( frameCounter % speedFactor == 0)
    {
        if( scrolling == "up" && daTextBox.scroll > 1)
        {
            daTextBox.scroll..;
            updateScrollBarPos();
        }
        else if( scrolling == "down" && daTextBox.scroll < daTextBox.maxscroll)
        {
            daTextBox.scroll++;
            updateScrollBarPos();
        }
        frameCounter = 0;
```

```
    }
    frameCounter++;
  }
  onClipEvent (mouseDown)
  {
    if(up. hitTest(_root._xmouse, _root._ymouse))
    {
      scrolling = "up";
      frameCounter = speedFactor;
      up. gotoAndStop(2);
    }
    if(down. hitTest(_root._xmouse, _root._ymouse))
    {
      scrolling = "down";
      frameCounter = speedFactor;
      down. gotoAndStop(2);
    }
    if(scrollbar. hitTest(_root._xmouse, _root._ymouse))
    {
      scrollbar. startDrag(0, origX, deltaHeight, origX);
      scrolling = "scrollbar";
    }
    updateAfterEvent();
  }
  onClipEvent (mouseUp)
  {
    scrolling = 0;
    up. gotoAndStop(1);
    down. gotoAndStop(1);
    stopDrag();
    updateAfterEvent();
  }
  onClipEvent (mouseMove)
  {
    if(scrolling == "scrollbar")
    {
      daTextBox. scroll = Math. round((scrollbar._y)/lineHeight + 1);
    }
    updateAfterEvent();
  }
```

```
onClipEvent (data)
{
   needInit = true;
}
```

Load 事件是第一个被触发的事件。唯一需要改变的就是 numLines 变量，它定义了文本框中的可见文本的行数。也把 scrollbar 最初的高度 X 和坐标保存起来，因为以后要用到它们。

一旦文本文件被读进来，而且分析完毕，就可以根据文本的长度来指定 scrollbar 的高度。所以，当上的一切工作完成之后，调用了一个自定义的函数 initScrollBar()。

现在来一行一行地看看 initScrollBar 函数：

1. function initScrollbar(){
2. var totalLines = numLines + daTextBox.maxscroll . 1;
3. scrollbar._yscale = 100*(numLines)/totalLines;
4. deltaHeight = origHeight . scrollbar._height;
5. lineHeight = deltaHeight/(daTextBox.maxScroll);
6. }

第二行很简单，把总的文本行数存在一个变量 totalLines 里。

第三行开始做真正有用的工作，把 scrollbar 的 Y 坐标设置成和文本的行数成比例。假设有 20 行文本，而文本框的可视区域只有 10 行，这样，scrollbar 的高度应该是它最大高度的一半，那样的话，numLines 等于 10，maxScroll 等于 11，所以 totalLines＝10＋11－1＝20；_yscale 应该是 100*10/20=50，这样就把 scrollbar 的 Y 坐标设置为原来的 50%。

第四行定义了一个 deltaHeight 变量，它代表可以拖动的区域，可拖动的高度是 scrollbar 原来的高度和经过调整以后的新的高度的高度差。

为了知道滚动文本的哪一部分和 scrollbar 相关联，需要定义一个变量 lineHeight，这个 lineHeight 变量是当那滚动一行文本对应的应该移动 scrollbar 多少象素的总象素值。

在 mouseDown 事件处理函数里，添加了几行代码来处理对于 scrollbar 的单击事件。

1. if(scrollbar.hitTest(_root._xmouse,_root._ymouse)){
2. scrollbar.startDrag(0,origX,deltaHeight,origX);
3. scrolling = "scrollbar";
4. }

第一行就是一个简单的 hitTest，用来确定是 scrollbar 正在被单击。

如果单击了 scrollbar，那么应该开始拖动它，所以使用了 startDrag() 方法，startDrag 的参数按顺序是：上，左，下，右；分别是调用这个方法的 movieclip 的可以拖动范围的坐标值。垂直方向，可以从 0 拖到 deltaHeight，deltaHeight 是 scrollbar 和上下箭头之间的区域，scrollbar 水平方向应该不变的，因为这个是垂直滚动条，所以它的拖动范围是原来的 X 坐标到原来的 X 坐标，水平方向是锁定不动的。最后，把 scrolling 变量设置成"scrollbar"，这样其他的代码就知道正在拖动的是 scrollbar。

文本框的更新操作是通过 mouseMove 事件的处理函数完成的。

```
1. onClipEvent (mouseMove) {
2. if(scrolling == "scrollbar") {
3. daTextBox.scroll = Math.round((scrollbar._y)/lineHeight + 1);
4. }
5. updateAfterEvent();
6. }
```

每当鼠标移动的时候，mouseMove 事件就被触发，当想根据当前鼠标的位置来调整某个 movieclip 的属性时，这个事件处理函数就很有用。

第二行，检查拖动的是否是 scrollbar。如果不是，就没有必要更新文本框。

第三行是真正的 scrollbar 的核心，它根据 scrollbar 的 y 坐标设置文本框的 scroll 属性。

比如说，假设 lineHeight 等于 10，scrollbar 的 y 坐标是 30，那就意味着应该滚动三行文本。由于 scroll 属性是从 1 开始的，所以应该在这三行文本的基础上加最终的 scroll 属性应该是 4。使用 Math.round() 函数对结果取整，因为读者猜都可以猜到，scroll 属性只允许整数值。

在这个函数的最后，使用了 updateAfterEvent()。在 mouseMove 处理函数里使用 updateAfterEvent 是非常有用的，每当鼠标移动的时候，屏幕就会被刷新，如果读者有一个拖动的动作，在 mouseMove 事件处理函数里加上 updateAfterEvent() 可以使效果变得很平滑。

在 mouseUp 处理函数里，加了一句 stopDrag()，当释放鼠标，scrollbar 停止拖动。

现在需要的就是当用户单击 up 和 down 按钮的时候，scrollbar 也跟着移动。读者已经注意到了，在 enterFrame 处理函数里，当要滚动的时候，添加了一个对于函数 updateScrollbarPos() 函数的调用。下面就来看看这个自定义函数：

```
function updateScrollBarPos()
{
scrollbar._y = lineHeight*(daTextBox.scroll . 1);
}
```

这里用到的方法和在 mouseMove 处理函数里用到的方法恰好相反，前面从 scrollbar 的 Y 坐标算出文本框的 scroll 属性，这里，反过来，从文本框的 scroll 属性算出 scrollbar 的 Y 坐标。这两个等式在数学上是完全等价的。

按 Ctrl＋Enter 键，打开滚动文本框。用右边的滚动条可以浏览左边文本框的内容了，如图 9-50 所示。这样整个滚动文本框就做好了。

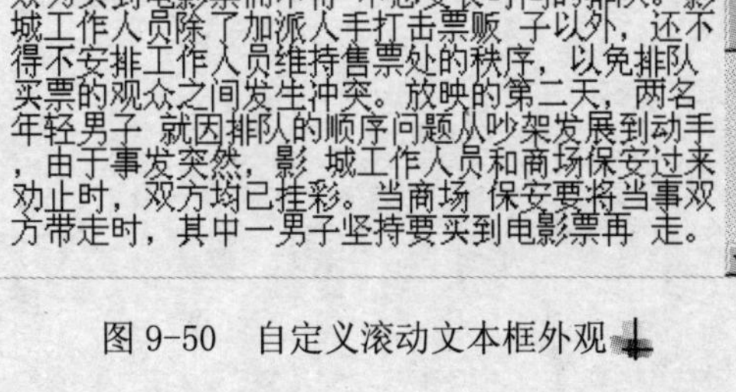

图 9-50　自定义滚动文本框外观

9.4 本章小结

　　本章通过一些实例介绍了 ComboBox、CheckBox、PushButton 的使用。最后用一个很长的例子实现了一个滚动条，显然目的不是滚动条，而是实现滚动条的具体过程。我们要读者学的是该控制什么，怎么去控制，这是一切东西实现的根本。学会了这个原理之后，读者就可以创建自己的组件了，虽然大多数时候读者不会这样做，这么做很浪费时间，但是真正的高手是会有这样的兴趣的，因为这样才可以做出自己风格的东西，每一个真正的Flash 创作者都应该有这样的能力。

9.5 思考与练习

1. 简述 Combo Box，Check Box，PushButton 的功能。
2. 简述 Radio box 如何添加，它最后的选择的结果如何得到。
3. 简述 Scroll Bar 和 ScrollPane 的区别以及它们各有什么优缺点。
4. 一个滚动条如果要工作，那么它必须具有哪些机制？
5. 如何绘制一个滚动条以及文本框？
6. 简述一下本章实例的制作过程，并思考哪些地方是难点。
7. 请自己动手制作简单的动态文本框，装载文本。
8. 请读者自己动手浏览一下组件列表，并添加组件。
9. 参考滑动条组件实例中组件的封装过程，自己制作一个水平的滚动条并封装成组件。

第 **10** 章

综合实例

　　本章安排了几个实例，制作课件、制作实时钟和射击游戏，它们虽然都不是太难，但综合性比较强，在学习的时候不仅要学习它们的制作方法，更要学习它们的制作思路。作为本书的最后一章，基础的知识我们都讲解了，而具体的怎么操作还需读者下去勤加练习，多想多做，这样才能不断创新，制作出自己风格的 Flash 动画来。

◎ 课件制作过程

◎ 制作实时钟

◎ 精彩射击游戏的制作

10.1 课件制作

本节将向读者介绍一个包括数学、物理、化学在内的关于实验的课件制作过程。内容包括文字和按钮的制作，按钮对应的影片剪辑的制作，最后使用 ActionScript 控制影片片断。在本实例中分别点击不同的按钮可以进入相应的实验内部，在实验内部又是对应实验的一个简单演示，包括实验的名称和一段小的动画演示。本节效果图如图 10-1 所示。

图 10-1 虚拟实验课件

📖10.1.1 制作静态元件

01 新建一个 ActionScript 3.0 Flash 文档，设置文档大小为 550*400，背景色为白色，其他保持不变。

02 使用绘图工具箱里的矩形工具，设定其边角半径为 30 点，在舞台上绘制一个矩形。剪裁掉其下半部分，形成按钮形状。

03 使用颜料桶工具将矩形的填充色设定为绿色渐变填充，使用填充变形工具，改变其填充方向，如图 10-2 所示。

图 10-2 调整填充

04 输入按钮上的文字，包括黑色和橙色的"数学"，"物理"，"化学"。字体选择方正粗姚简体，字号：28，如图 10-3 所示。

图 10-3 按钮文字

注意：之所以要两种不同颜色的文字，是为了使按钮的几个状态有所区别，比如不放鼠标上去时，按钮文字是黑色，当放上鼠标后，按钮文字变成橙色。当点击时文字又变成黑色。

05 使用文字输入工具制作标题，包括虚拟实验系统，函数曲线的认识，烧杯的使用等文字，分别设置不同的颜色。字体也为方正粗姚简体，如图 10-4 所示。

06 用绘图工具栏的相应矩形、椭圆、选择以及铅笔工具制作函数曲线、烧杯和抛体小球。如图 10-5 所示。

图 10-4　输入文字　　　　　　　　　　　　　　　图 10-5　绘制烧杯

📖 10.1.2　制作按钮

要制作的 3 个按钮每个按钮共分两层，下面一层是绿色的背景，按钮的各个状态下均相同。上面一层，是文字层，包括不同的 3 个状态。下面开始制作。

01 先将绿色背景拖到按钮中，并按 F5 插入帧，如图 10-6 所示。

02 新建一个图层，命名为"文字"，这个图层将放置文字，在鼠标经过帧处拖入黑色的文字"物理"，在指针经过帧，插入一个空白关键帧。

03 把上面编辑好的橙色文字插入进来，选中洋葱皮选项，按钮效果如图 10-7 所示。

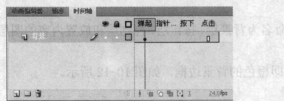 

图 10-6　按钮图层　　　　　　　　　　　　　　　图 10-7　按钮效果

注意：为了使橙色的文字和前一帧的文字能够对齐，我们打开时间轴下面的洋葱皮选项，这样我们通过观察前后两帧的变化来对齐文字。

04 用同样的方法，制作物理和化学的按钮。

📖 10.1.3　制作实验的影片剪辑

01 先制作物理实验，在第一层中制作一个逐帧动画，创建抛出小球的轨迹动画。在第 2 层的 13 帧～20 帧设置实验标题"抛体实验演示"的渐现的动画，如图 10-8 所示。

02 制作化学实验的动画，先将烧杯拖入，在第 7 帧插入关键帧，并将第 7 帧的烧杯稍微旋转一下，从而在第 1 帧和第 7 帧之间形成烧杯倾倒的动画。

03 新建一个图层，把化学实验的标题——"烧杯的使用"加入进去，并设置从第 8 帧～第 20 帧的渐现的动画效果，如图 10-9 所示。

图 10-8   物理实验   图 10-9   化学实验

04 制作数学实验，数学实验又两层，一层是函数曲线，一层是数学实验的标题。只有标题层设置渐现的动画效果，如图 10-10 所示。

图 10-10   数学实验

10.1.4   将元件添加进场景

01 建立 4 个图层，并分别进行命名为背景层、按钮层、控制层和放置内容的图层 3，如图 10-11 所示。

02 在背景层中拖入背景元件，即橙色的背景边框，如图 10-12 所示。

图 10-11   图层   图 10-12   背景边框

03 在按钮层放入 3 个按钮。如图 10-13 所示。

图 10-13   设定按钮层

04 在放置内容的图层 3，先在前 19 帧设置，虚拟实验系统的渐现动画。后面的 20 帧中拖入物理实验的动画，再向后面的 20 帧拖入化学实验的影片剪辑，最后 20 帧拖入数学实验的影片剪辑，如图 10-14 所示。

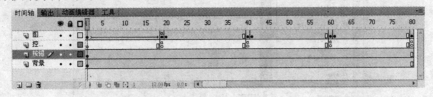

图 10-14　时间轴

注意：要将 3 个实验的动画剪辑中的线框，与背景层的橙色线框对齐。

控制层主要是添加帧动作，从而控制影片播放的。

10.1.5　用 ActionScript 进行编程.

01 在 3 个实验的动画的最后一帧添加帧动作"stop"，从而使动画停留在最后一帧。选择最后一帧，打开动作面板，选择 stop();，如图 10-15 所示。

图 10-15　设置播放动画的播放

02 设定场景 1 中的控制层的动作，分别在每个实验剪辑片段的结尾插入一个空白关键帧，在各个空白关键帧处设定帧动作，同样选择 stop()，使影片停留在该帧，如图 10-16 所示。

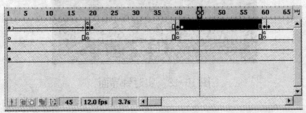

图 10-16　设定控制层的动作

首先设定物理按钮的动作。当单击鼠标时，触发动作 gotoAndPlay("", 20)；即转到当前场景的第 20 帧，开始播放物理实验的影片剪辑，当播放到最后一帧的时候，触发最后一帧的帧动作 stop();然后影片就会停留在影片剪辑的最后一帧。

03 选中物理按钮实例，打开"代码片断"面板。双击"事件处理函数"分类下的"Mouse Click 事件"，将相应的代码片断添加到脚本窗格中。

04 切换到"动作"面板的脚本窗格，删除事件处理函数中的示例代码，然后添加自定义代码：gotoAndPlay(20);，如图 10-17 所示。

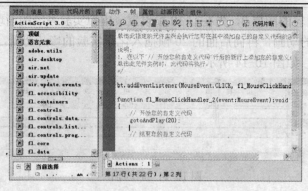

图 10-17　动作脚本

05 按照以上两个步骤的方法设定化学按钮的动作，代码如下：

gotoAndPlay("", 41);

06 同样的方法设定数学按钮的动作，代码如下：

gotoAndPlay("", 61);

07 执行"控制" / "测试影片"命令，就可以看到动画效果了。

10.2　制作实时钟

本节通过制作一个实时钟的实例，帮助读者掌握 Date 对象的使用。本节主要内容包括使用 Date 对象和创建走动的指针。如图 10-18 所示是实时钟的外观，它可以显示年、月、日、星期；并且用两种方式显示小时、分、秒。

图 10-18　实时钟界面

10.2.1　制作界面

01 创建一个影片剪辑，名称为 fundo。这个图形是钟面的图面。

02 把当前层改名为 back，然后在这层的第一帧画一个小的圆心和大的圆环，如图 10-19 所示。需要注意的是，中间的圆心一定要正好放在 fundo 里坐标为(0，0)的地方，圆环的圆心也以(0，0)为圆点。可以通过设置信息面板来调整它们的圆心位置。

03 在 fundo 影片剪辑里，添加一个新的层，起名为 glass。在这层画一个如图 10-20 所示的圆，让它的位置和 back 层的大圆环的位置重合。这两层叠加在一起的效果如图 10-21

所示。

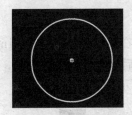

图 10-19　back

图 10-20　glass

04 在 fundo 里，再添加一层，层的名字为 number。在这一层添加 12 点，3 点，6 点，10 点的 4 个静态文本框。注意调整它们的位置，让它们位于大的圆环之内，如图 10-22 所示

05 在 fundo 里添加一层，起名为 tras。在这一层添加其他整点标志，每一个都是一个静态文本框。按图 10-23 所示的布局放置它们。

图 10-21　叠加效果

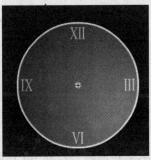

图 10-22　添加 4 个文本框

图 10-23　添加其余的文本框

📖 10.2.2　制作表针

06 按 Ctrl＋F8 键创建一个新的图形元件，起名为 HourArm。然后按照图 10-24 所示画一个时针，注意时针的下端点的坐标一定要是(0，0)，还是通过信息面板来设置。

07 按 Ctrl＋F8 键创建一个新的图形元件，起名为 MinutesArm。按照图 10-25 所示画一个分针，注意分针的下端点也一定要在(0，0)处。

08 按 Ctrl＋F8 键创建一个新的图形元件，起名为 SecondsArm。按照图 10-26 所示画一个秒针，注意秒针的下端点也一定要在(0，0)处。

图 10-24　时针

图 10-25　分针

09 按 Ctrl＋F8 键创建一个影片剪辑，起名为 Hr。在第一帧拖入一个 HourArm 图形元件。指针的下端点处于 Hr 影片剪辑的(0，0)处。

10 插入 510 个关键帧，每一个帧拖一个 HourArm，然后调整每帧里 HourArm 的角度，让它们按照顺时针旋转一周，如图 10-27 所示。

11 在第一帧里添加如下的语句：

stop();

12 按 Ctrl+F8 键创建一个影片剪辑，起名为 Min。在第一帧拖入一个 MinutesArm 图形元件，指针的下端点处于 Hr 影片剪辑的 (0，0) 处。之后插入 510 个关键帧，每一帧一个 MinutesArm，角度设置也和 Hr 里一样，如图 10-28 所示。

图 10-26　秒针　　　　图 10-27　影片剪辑 Hr　　　　图 10-28　影片剪辑 Min

13 在第一帧添加一句：

stop();

14 按 Ctrl+F8 键创建一个影片剪辑，起名为 Sec。插入 510 个关键帧，每一帧拖一个 SecondsArm，角度设置和上几步完全一样。

15 不在第一帧加上如下语句：

stop();

📖 10.2.3　制作 Clock

16 按 Ctrl+F8 键创建一个影片剪辑，起名为 Clock。把当前层的名字改为 Clock background。然后拖一个 fundo 图形元件到这层的第一帧，当然了，把这个图形还是放到坐标为 (0，0) 的地方。

17 添加实例。插入一个新层，起名为 Seconds，在这一层里，拖一个 Sec 影片剪辑下来，把 Sec 放在坐标为 (0，0) 的地方，给这个实例起名为 Seconds。

18 插入另一个新层，起名为 Minutes，在这一层里，拖一个 Min 影片剪辑下来，把 Min 放在坐标为 (0，0) 的地方，给这个实例起名为 Minutes。

19 插入另一个新层，起名为 Hours，在这一层里，拖一个 Hr 影片剪辑下来，把 Hr 放在坐标为 (0，0) 的地方，给这个实例起名为 Hours。

20 插入一个层，起名为 cover。这一层里，可以放一个透明度比较高的图，或者为了简单，什么都不放。最后的 Clock 影片剪辑的外观如图 10-29 所示。

图 10-29　Clock 的外观

10.2.4 添加实例

21 回到主场景，按 Ctrl＋L 键打开库，拖一个 Clock 影片剪辑的实例到屏幕上。给这个实例名为 Clock。

22 为这个实例添加如下的代码：

```
onClipEvent (enterFrame)
{
// Get the time information and stores in MyDate
  MyDate = new Date();
// Assigns values individually
  hour = MyDate.getHours();
  minute = MyDate.getMinutes();
  second = MyDate.getSeconds();
// Calculates position for hours hand
  if (hour > 11)
  {
    hour = hour.12;
  }
  hour = hour*5;
  movement = minute/12;
  hour = int(hour+movement);
// Moves hours hand
  with (_root.Clock.Hours)
  {
    gotoAndStop(hour) + 1;
  }
// Moves minutes hand
  with (_root.Clock.Minutes)
  {
    gotoAndStop(minute) + 1;
  }
// Moves seconds hand
  with (_root.Clock.Seconds)
  {
    gotoAndStop(second) + 1;
  }
}
```

Date 是 Flash 预定义的对象，使用 new 操作符建立一个 Date 类型的变量 MyDate，之后调用 Date 对象的成员函数 getHours，getMinutes，getSeconds 得到系统当前的时间，之后计算出相应的角度数。

With(target){ } 可使大括号里的内容相当于在 target 所指定的路径里，比如：

```
with (_root.Clock.Minutes)
{
    gotoAndStop(minute) + 1;
}
```

就相当于_root.Clock.Minutes.gotoAndStop(minute) + 1;之所以还要加 1，是因为第一帧相当于 0。

10.2.5　添加其他信息

23 在主时间轴里添加一个新层，起名为 info。然后在这层里，添加一个静态文本框，显示如图 10-30 的内容。

图 10-30　添加文本框

24 Date 类型除了可以得到小时，分，秒的值以外，还可以用其他方法得到月，年，日。下面就添加这些信息。在 clock 影片剪辑的 onClipEvent (enterFrame) 函数里，最后的 " } " 之前，添加下面的代码：

```
_root.year = myDate.getFullYear();
_root.currentdate = myDate.toString();
```

第一行调用一个 Date 对象的 getFullYear()函数，得到了当前的年数，比如说 2002。并且把它赋值给_root.year 变量，这个变量是稍后要在主时间轴里添加的，它和一个动态文本框相关联。

第二行调用 Date 对象的 toString()函数，返回一个字符串格式的日期值，这个是可读的。同样，它也赋值给了_root.currentdate,这也是一个与动态文本框相关联的变量。

25 回到主时间轴，新插入一层，起名为 day。然后在这个层里，添加两个动态文本框，分别于变量 year 和 currentdate 相关联，注意它们的宽度，需要适当调整，如图 10-31 所示。

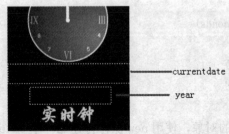

图 10-31　添加 currentdate 和 year 文本框

这样一个实时钟就做好了，欣赏一下吧，是不是很好看。

10.3 制作精彩射击游戏

大家知道，现在网络上出现了越来越多的 Flash 小游戏，不仅精彩有趣，而且界面靓丽。想必很多人也很想自己亲手制作一下小游戏。

那么在本节，将给大家介绍一下如何制作一个精彩的射击小游戏，相信读者会体验到从所未有的成就感。本节主要学习内容包括：

- 射击游戏制作的一般原理。
- 检测碰撞。
- 制作运动的背景。
- 键盘检测。

图 10-32 显示了这个游戏的界面，通过四个方向键控制飞船的运动，Ctrl 键用来发射激光武器，屏幕右边随机地有对手飞船飞过来，要么用激光武器把对手飞船击落，要么躲过去，如果被对手飞船撞到，读者就输了。背景是移动的地面和星星，左上角计算读者当前的得分。

图 10-32 射击游戏外观

10.3.1 制作背景

01 新建一个文档。在属性面板里把背景设置成黑色。

10.3.2 制作飞船

02 按 Ctrl＋F8 键创建一个影片剪辑，名为 spaceship。在元件编辑模式下，在舞台上画一个宇宙飞船，如图 10-33 所示。

03 选择菜单 "编辑" / "编辑文档"，回到主时间轴。把当前层改名为 spaceship。从库面板拖一个 spaceship 的实例到舞台上。选中这个实例，在属性面板的实例名称文本框中输入 spaceship。

04 可以通过上下左右方向键来移动宇宙飞船，下面就来添加这个功能。首先使用 Key.isDown 方法探测哪个键被按下，然后根据按下的是那个键调整宇宙飞船的 X 坐标和 Y 坐标。选中 spaceship 实例，打开动作面板，添加下面的代码：

```
onClipEvent(load)
{
    moveSpeed=10;
}
```

图 10-33　spaceship

当 spaceship 第一次被 Load 的时候，设置一个为 moveSpeed 的变量，然后给它赋值为 10，这个变量控制用户移动的像素数。所以，如果想让用户觉得移动速度再快一些的话，可以把这个数字设置的再大一些。

05 添加检测键盘的代码，让用户使用方向键控制飞船，向上键向上，向左键向左，以此类推。选中 spaceship 实例，打开动作面板，添加下面的代码：

```
onClipEvent (enterFrame)
{
    if (Key.isDown(Key.RIGHT))
    {
        this._x+=moveSpeed;
    } else if (Key.isDown(Key.LEFT))
    {
        this._x.=moveSpeed;
    }
    if (Key.isDown(Key.DOWN))
    {
        this._y+=moveSpeed;
    } else if (Key.isDown(Key.UP))
    {
        this._y.=moveSpeed;
    }
}
```

现在，就可以使用方向键来控制飞船的移动了。

所有的代码都写在 enterFrame 事件的处理函数里，每一次 spaceship 影片剪辑进入一个新的帧的时候，这段代码都会执行。可以这么说，这段代码几乎在一直循环执行着，直到停止影片的播放。

为飞船添加武器。创建一个影片剪辑，它的效果就像是飞船的激光武器。当 Ctrl 键按下的时候，复制这个影片剪辑，设置它的初始位置和飞船的位置一样，然后在一个循环内，增大它的 X 坐标直到它飞出屏幕。

06 画一些激光出来。按 Ctrl＋F8 键创建一个影片剪辑，起名为 laserFire。在元件编辑模式下，laserFire 的舞台上画一对蓝色线条，如图 10-34 所示。

图 10-34　laserFire

07 回到主时间轴。在主时间轴添加一个新层，起名为 laser。从库面板里拖一个 laserFire 实例到 laser 层。

08 选中舞台上的 laserFire 实例，在属性面板的实例名称文本框中输入 laser。

09 修改 spaceship 实例的代码。在 Load 事件处理函数里添加一些语句，修改后的 Load 事件处理函数如下：

```
onClipEvent(load)
{
    moveSpeed=10;
    _root.laser._visible=false;
    laserCounter=1;
}
```

刚开始 Load 的时候，激光武器应该是没有的，所以把它的 visible 属性设为 false。当用户按下 Ctrl 键的时候，通过复制 laser 影片剪辑来创建一个新的激光影片剪辑。

10 现在来添加检测 Ctrl 键的代码。在 spaceship 实例的 onClipEvent(enterFrame) 函数里，添加如下的代码：

```
if (Key.isDown(Key.CONTROL)
{
    laserCounter++;
    _root.laser.duplicateMovieClip( "laser"+laserCounter, laserCounter );
    _root["laser"+laserCounter]._visible=true;
}
```

当 Ctrl 键按下的时候，上面这段代码就开始执行。先把 laserCounter 加一，然后复制 laser 影片剪辑，并且把新的 laser Clip 的_visible 属性置为 true。

最后，需要给 laser 影片剪辑添加一些代码。

11 选中舞台上的 laser 实例，打开动作面板，添加如下的代码：

```
onClipEvent (load)
{
    laserMoveSpeed=20;
```

```
        this._y=_root.spaceship._y;
        this._x=_root.spaceship._x+80;
    }
```

当 laser 影片剪辑首次在舞台上出现的时候，将运行上述这段代码。当新的 laser 影片剪辑复制出来的时候，也将运行上的代码。复制一个影片剪辑，就是复制和影片剪辑相关的图形、帧和所有的代码。每一个新复制出来的影片剪辑都拥有原来的影片剪辑的所有代码的一份复制，每一个复制出来的影片剪辑运行的是它自己的 onClipEvent(Load) 事件处理函数。

第一行设置一个新的为 laserMoveSpeed 等于 20 的变量，这是 laser 每一帧移动的像素数。

第二行设置 laser 的 Y 坐标和 spaceship 的 Y 坐标相同。

第三行设置 laser 的 X 坐标等于 spaceship 的 X 坐标加上 80。这样做是因为 X 坐标是相对于 spaceship 的中心来说的，希望 laser 从飞船的头部射出，所以就加上 80。

12 laser 的 enterFrame 处理函数：

```
onClipEvent (enterFrame)
{
    this._x+=laserMoveSpeed;
    if (this._x>600)
    {
        this.removeMovieClip();
    }
}
```

这段代码移动 laser 到屏幕的右边，如果 X 坐标比 600 大的话，就删掉自己。

初步完成，可以测试一下了，如图 10-35 所示。

10.3.3　制作虚拟的场景

为 spaceship 添加虚拟的场景。首先来制作地面，当飞船飞动的时候，地面可以相对的运动，表明飞船正在飞。

13 在主时间轴创建一个新层，起名为 ground，画一些表示地面的图形。最简单的莫过于一些山峰加上一些低谷，如图 10-36 所示，一定要保证地面的尺寸和舞台的尺寸一致，而且开始的部分和结束的部分要高度一致，因为要让它循环运动来表示无穷无尽的地面。

14 选中刚刚画好的地面，按 F8 键把它转化为影片剪辑。然后选中舞台上影片剪辑实例，在属性面板的实例名称文本框中输入 ground。

为了显示飞船向右运动的效果，根据相对论，可以向左移动地面，好像坐车的时候感觉地面向后移动一样。移动地面的最好方法就是让 ground 影片剪辑的 X 坐标逐渐的减小。

为了使移动的效果看起来更加平滑，需要两个这样的地面影片剪辑。

但是不简单地把两个地面的影片剪辑放到一起，把两个这样的地面影片剪辑放到另外的一个影片剪辑里，起名为 mainGround。然后用这个新的 mainGround 来代替两个单独的

ground 影片剪辑。换句话说，mainGround 影片剪辑包含了两个 ground 影片剪辑，通过移动 mainGround 来代替移动两个 ground 影片剪辑。

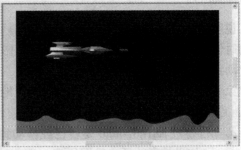

图 10-35　测试激光　　　　　　　　　　　图 10-36　添加地面

要做的第一件事情就是把 ground 影片剪辑放到一个新的影片剪辑里。

15 选中舞台上的 ground 实例，按下 F8 键，创建一个新的影片剪辑，起名为 mainGround，同时在属性面板的实例名称文本框中输入 mainGround。

现在的 mainGround 影片剪辑里只含有一个 ground 影片剪辑，前面不是说过要用两个 ground 吗？没错，的确是这样，将在后面用 ActionScript 来复制一个 ground。

现在可以为 mainGround 添加一些代码了。

16 选中舞台上的 mainGround 实例，打开动作面板，添加下面的代码：

```
onClipEvent (load)
{
    ground.duplicateMovieClip("ground2", 100);
    ground2._x = ground._x+ground._width;
    groundStartx = this._x;
    groundSpeed=10;
}
```

说明：这段代码放在 load ClipEvent 里，当 mainGround 第一次 load 的时候它将运行。

第二行复制了一个 ground 影片剪辑，给它一个名字 ground2，深度为 100。

第三行把 ground2 的 X 坐标设置成 ground 的 X 坐标加上 ground 的宽度，效果就是正好把 ground2 放在了 ground 的右边。

第四行创建一个新的变量为 groundStartx，并给它赋初值为 mainGround 的 X 坐标。目的就是保存 mainGround 的初始位置，后面会用到它。

第五行 groundspeed＝10；建立一个新的变量 groundSpeed，它的值等于 10。这是地面每帧移动的像素数。

17 在上述代码后面，再添加另外一个消息处理函数。

```
onClipEvent (enterFrame)
{
    this._x.=groundSpeed;
    if (this._x<= (groundStartx.ground._width))
    {
```

```
        this._x=groundStartx.groundSpeed;
    }
}
```

说明： 这段代码是放在 enterFrame 消息处理函数里，所以每次影片剪辑进入一个新帧的时候，它们都会被调用。MainGround 影片剪辑只有一帧，但是它将一直进入那一帧，这个动作是循环的。

第二行：this._x-= groundspeed; 把地面的 X 坐标减去 groundSpeed，前面已经把 groundSpeed 设置成了 10，所以这个语句的效果就是把 mainGround 向左移动 10 个像素。

第三行检查 mainGround 是否已经移动到使 mainGround 内部的第一个 ground 完全移出 stage。如果是真的话，第四行把 mainGround 的 X 坐标设置成它刚刚开始的坐标。

再来看看涉及到的一些变量。

this._x 是 mainGround 的当前 X 坐标。

ground._width 是 ground MovieClip 的宽度。

groundStartx 是先前设置的变量。

当第一个 ground 完全移出 stage 的时候，它的 X 坐标等于它的开始的 X 坐标减去它的宽度。在这个时候，第二个 ground 刚刚开始在 stage 上出现。

当把 mainGround 重新移到它开始的位置的时候，必须同时减去 groundSpeed，因为 mainGround 仍然需要向左移动 groundSpeed 规定的距离。

现在读者可以测试一下这个滚动的地面了，在 Flash 开发环境里，可能看起来有一点奇怪，因为在测试模式 Flash 开发环境允许读者看到 stage 外部的区域，如果在浏览器里测试的话，就一切正常了。

在大多数这种飞船游戏里，地面不是一直都在滚动的。一般情况是这样的，spaceship 开始的时候是在屏幕的最左边，当它移动到离屏幕左边大约屏幕宽度的三分之一的时候，spaceship 停止移动，这个时候地面开始反方向移动。

现在就开始做这个改进。大多数的代码是在 spaceship clip 事件里的。Spaceship 的位置将决定什么时候开始滚动，什么时候停止滚动。

18 选中 spaceship，右键单击打开 actions 窗口，在 onClipEvent(load) 函数里，在 laserCounter=1; 这行后面，添加下面的代码：

```
scrollx=_root.mainGround.ground._width/3;
scrollStart=false;
```

第一行建立一个新变量，scrollx。这个变量将是 spaceship 刚刚停止向右运动时候的 X 坐标，当然也是 ground 开始滚动的 X 坐标。刚开始的时候把它设置成 ground 宽度的三分之一。

第二行建立另外一个新的变量，scrollStart。这个变量在 ground 应该滚动的时候设置成 true，在 ground 静止的时候设置成 false。

19 为了实现 spaceship 已经移动到了 scrollx 位置，spaceship 停止移动，地面开始反方向滚动，需要修改处理向右方向键的代码。当前的处理代码应该是这样的：

```
if (Key.isDown(Key.RIGHT))
{
    this._x+=moveSpeed;
```

用下面的这段代码代替它：

```
if (Key.isDown(Key.RIGHT))
{
  if (this._x<scrollx)
  {
    this._x+=moveSpeed;
  } else
  {
    scrollStart=true;
  }
```

引入一个 if 语句，如果 this._x(spaceship 的当前 X 坐标)小于 scrollx 的话，spaceship 的 X 坐标是一直增大的，一直右移，直到条件不成立的时候，把 scrollStart 设置成 true，不再改变 spaceship 的 X 坐标。

地面不会一直滚动，在某些条件下，它是不应该滚动的。

20 在 spaceship 的脚本窗口里，为 spaceship 添加另外一个消息处理函数。

```
onClipEvent (keyUp)
{
  if (Key.getCode() == Key.RIGHT)
  {
    scrollStart=false;
  }
```

这段代码引入了一个新的影片剪辑事件，为 keyUp。当用户释放键盘上的一个键的时候，这个事件发生。需要的效果是，当读者按下向右的方向键的时候，ground 是滚动的；当读者释放向右的方向键的时候，ground 停止滚动。通过这个 KeyUp 事件，就可以检测是否是释放了向右的方向键。

方法 Key.getCode()得到最后释放的按键的键码，所以如果最后按下的键是向右的方向键的话，就把 scrollStart 设置成 false。

接下来要做的就是添加一些代码当 scrollStart 是 false 的时候，停止地面的滚动。

21 选中 mainGround 实例，打开它的脚本窗口，当前的 onClipEvent(enterFrame)应该是这样子的：

```
onClipEvent (enterFrame)
{
  this._x.=groundSpeed;
  if (this._x<= (groundStartx.ground._width))
  {
    this._x=groundStartx.groundSpeed;
  }
}
```

修改它们，修改后的代码如下：

```
onClipEvent (enterFrame)
{
  if (_root.spaceship.scrollStart==true)
  {
    this._x=groundSpeed;
    if (this._x<= (groundStartx.ground._width))
    {
      this._x=groundStartx.groundSpeed;
    }
  }
}
```

所做的就是添加了一个 if 语句，当 scrollStart 是 true 的时候再移动 mainGround。最后，把当前影片的帧频设置成 25fps。

现在测试一下影片，读者会发现，当 spaceship 移动到屏幕三分之一的时候，spaceship 停止运动，而地面反而滚动起来，效果就好像飞船一直在飞一样。

📖10.3.4　制作星空背景

22 添加另外一个背景，让这个游戏的画面更加漂亮一些，如图 10-37 所示。

读者可以试着自己加上这个滚动的背景，所有的步骤都和加地面的步骤一样，唯一的区别就是图形应该是星空的图形，而不是地面了。影片剪辑实例名为 stars 和 mainStars，把移动速度设置成一个比较慢一些的，比如说 4。

图 10-37　添加星空背景

mainStars 实例的动作脚本应该是和下面的类似：

```
onClipEvent (load)
{
  stars.duplicateMovieClip("stars2", 1000);
  stars2._x = stars._x+stars._width;
  starsStartx = this._x;
  starsSpeed=4;
}
```

```
onClipEvent (enterFrame)
{
  if (_root.spaceship.scrollStart)
  {
    this._x=starsSpeed;
    if (this._x<= (starsStartx.stars._width))
    {
      this._x=starsStartx.starsSpeed;
    }
  }
}
```

10.3.5　创建一些对手

既然是射击游戏，没有对手还叫什么游戏，接下来就要创建"对手"。

23 在主时间轴添加一层，起名为 enemy。按 Ctrl＋F8 键创建一个影片剪辑，起名为 enemy。在元件编辑模式下，在 enemy 的舞台上画一个对手飞船，如图 10-38 所示。

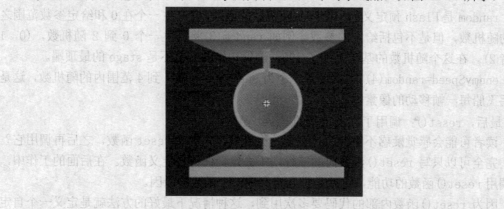

图 10-38　enemy

24 回到主时间轴。选中 enemy 层，从库面板里拖一个 enemy 的实例到这一层。选中舞台上的 enemy 实例，在属性面板的实例名称文本框中输入 enemy1。

游戏按照传统的射击游戏的结构来设计。对手的飞船从屏幕右边移到左边。游戏玩家要么避开对手，要么把对手射中。如果游戏玩家射中对手飞船，对手飞船会爆炸，如果游戏玩家让对手飞船碰到了自己的飞船，那么游戏结束。将使用 duplicateMovieClip 来创建多个对手飞船。

对手从屏幕右边出现，向左边飞来，但是，如果所有的对手都从同一个位置飞过来，那么这个游戏就太简单了，而且玩一会儿以后就会玩厌了。需要引入一个随机量，让所有的对手飞船从同样的 X 坐标(也就是屏幕右侧)开始，但是每一个都应该有一个随机的 Y 坐标。

同样也让对手飞船移动的速度随机化，这样增加一点游戏的难度。要写一段代码，来设置对手飞船的随机初始位置和速度。用一个自定义函数来实现这个功能。

25 选中舞台上的 enemy 影片剪辑，打开动作面板，输入下面的代码：

```
onClipEvent (load)
{
    function reset()
    {
        this._x=600;
        this._y=random(200)+100;
        enemySpeed=random(4)+1;
    }
    reset();
}
```

上这段代码做两件事情。首先它定义了一个函数为 reset，然后运行这个函数。它们是写在 load 事件里的，所以当影片剪辑第一次 load 的时候将运行这段代码。

function reset(){ 这一行定义了 reset 函数。接下来的三行是 reset 函数的内容。

this._x=600; 把对手飞船的 X 坐标设置为 600。

this._y=random(200)+100; 把对手的 Y 坐标设置成一个在 1010 和 21010 之间的随机数。

random 是 Flash 预定义的一个产生随机数的函数，它产生一个在 0 和给定参数范围之间的随机数，但是不包括给定的参数。例如 random(3)将产生一个 0 到 2 随机数，(0，1 或者 2)。在这个随机数的基础上加了 100，确保初始的 y 值不是 stage 的最顶端。

enemySpeed=random(4)+1; 设置一个为 enemySpeed 在 1 到 4 范围内的随机数，这是对手飞船每一帧移动的像素数。

最后，reset(); 调用了在上定义的 reset 函数。

读者可能会感觉疑惑不解，为什么要这么麻烦，先定义 reset 函数，之后再调用它？

完全可以只写 reset()函数内的三行，不去定义任何自定义函数。在后面的工作中，要调用 reset()函数的功能，这就是把它定义成一个函数的原因。

因为 reset()函数内部的代码要多次用到，这种情况下最好的方法就是定义一个自定义函数。

已经创建了 enemy 影片剪辑，而且也已经设置了它初始位置，现在让它动起来。

26 选中 enemy 影片剪辑的实例，打开动作面板，添加下面的代码：

```
onClipEvent (enterFrame)
{
    if (_root.spaceship.scrollStart)
    {
        this._x.=enemySpeed+_root.mainGround.groundSpeed;
    } else
    {
        this._x.=enemySpeed;
    }
    if (this._x<.10)
```

```
        {
            reset();
        }
    }
```

说明：这段代码做两件事情。通过减小对手飞船的 X 坐标把对手飞船从 stage 右边移到 stage 左边；调用 resets() 函数如果对手飞船移出了舞台的最左边。

首先，if 语句检查 scrollStart 是否为真？如果为真，那么对手飞船的 X 坐标减去 (enemySpeed＋_root.mainGround.groundSpeed)，注意，不是只减去 enemySpeed。

如果地面不在滚动的话，对手飞船减去随机数 enemySpeed 来向左移动；如果地面正在滚动，那么对手飞船要减去 enemySpeed，再减去地面滚动的速度。这样做，唯一的目的是为了使飞船的移动更加真实。这是很简单的相对运动的知识，就不多说了。

第二个 if 语句检查实例 enemy 是否已经移出了舞台的左边界。如果为真，那么将调用 reset 函数。reset 函数将影片剪辑重新移到 stage 的右边，并且给它设置一个新的随机速度和随机 y 坐标。

如果读者现在测试读者的 Movie 的话，有一个对手飞船从舞台右边移到左边，之后马上重新回到舞台右边的一个随机位置。

仅仅有一个对手的游戏不能算是一个有挑战性的游戏，所以用 duplicateMovieClip 来增加更多的对手。把复制对手的代码放到主时间轴的一个新的层里。

27 在主时间轴里添加一个新层，起名为 control。选中 control 层的第一帧，打开动作面板，输入下面的代码：

```
numEnemy=3;
for (i=2; i<=numEnemy; i++)
{
    enemy1.duplicateMovieClip( "enemy"+i, i+100 );
}
```

第一行建立一个新的变量 numEnemy，并且给它赋初值为 3。这个变量是任何一个时间点在舞台上的对手飞船的个数。如果读者想增加游戏的难度，增加 numEnemy 就可以了。

下面的 3 行是一个 for 循环。这个循环复制 enemy1 影片剪辑。

10.3.6 制作对手与我交锋场景

28 在主时间轴里，为 control 层以外的每一个层在第二帧添加一个普通帧，给 control 层在第二帧添加一个关键帧。选中 control 层的第二关键帧，打开动作面板，添加一句 script：

```
stop();
```

作用是把主时间轴停下来。

读者可能会问，主时间轴都停下来了，游戏还怎么玩呢？尽管主时间轴把武器 laser 停下来了，spaceship 和 ground 影片剪辑仍然是在运动着的。影片剪辑的时间轴和主时间轴是独立的，除非读者明确指明某个影片剪辑停下来，否则它们将一直运行。

读者可能对为什么用 control 层还有疑惑。在理论上完全可以把代码放到任何其他的层里，然而把所有的代码放到一个单独的层里，是一种比较好的编程风格。它便于读者以后调试影片，也便于其他的人理解读者的源文件。

现在测试影片，读者会看到 3 个对手飞船从屏幕上飞过来。

现在还有一件关键的事情需要解决，就是检测碰撞。

需要检测一个 laser 子弹击中对手飞船，然后把对手飞船爆炸并消失。类似的，也需要检测到对手飞船撞到飞船的情况，这个时候游戏结束。

那么在 Flash 里，怎么来检测碰撞呢？

飞船，对手飞船和激光武器都是影片剪辑。所以需要一个简单的方法来检测影片剪辑之间的碰撞。

答案就是 hitTest。Flash 引入了一个为 hitTest 的方法，这个方法允许检测两个影片剪辑之间的碰撞，而且它使用起来非常简单。

假设读者有两个影片剪辑实例，分别为 movie1 和 movie2，下面的代码就可以检测到它们是否碰撞：movie1.hitTest(movie2)。

关于 hitTest，再多说几句。

有两种方法来使用 hitTest。

方法一：

使用这样的格式：movie1.hitTest(movie2) 来检测两个 movieclip 的碰撞或者重叠。如果两个影片剪辑的外接矩形有重叠部分的话，上面的语句返回一个布尔真值。

那么什么是外接矩形呢？把它想象成一个画在影片剪辑边界上的不可见的矩形，如果单击某个影片剪辑，并选中它，那么读者可以看到外接矩形被高亮显示，如图 10-39 所示的蓝色矩形就是 spaceship 的外接矩形。

一定要清楚，hitTest 检测的是两个影片剪辑的外接矩形重叠，不是两个影片剪辑的图形重叠。

图 10-40 显示了 spaceship 和 enemy 的外接矩形。两个外接矩形是有重叠部分的，如果使用 hitTest 来检测，那么结果将是真，尽管实际上两个影片剪辑的图形并没有重叠。

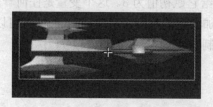 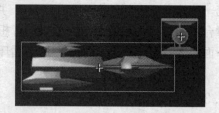

图 10-39　外接矩形图　　　　　　　　图 10-40　外接矩形相交

这不算什么问题，因为 spaceship 差不多填满了整个的外接矩形，再加上所有的飞船和激光武器移动速度都是很快的，所以玩家很难注意到这里的不太精确的碰撞检测。

方法二：

读者可以使用这样的语句：movie1.hitTest(x,y,shapeFlag) 来检测一个影片剪辑和一个点的碰撞。X 和 Y 是那个点的坐标，shapeFlag 是一个布尔量，它的值由读者来选，如果读者想检测 movieclip 图形和特定点的碰撞，那么把它置成 true；如果读者只想检测影片剪辑外接矩形和特定点的碰撞，那么把它置成 false。这种 hitTest 用法可以检测到更加精确的碰撞，但是在游戏设计里，并不太常用，因为一般要检测两个影片剪辑的碰撞，而不是一个点和一个影片剪辑的碰撞。

现在来写检测 laser 和 enemy 碰撞的代码。

29 选中 laser（激光武器）实例，打开动作面板。

Lasers 的 onClipEvent(enterFrame) 函数现在应该是这样的：

```
onClipEvent (enterFrame)
{
    this._x+=laserMoveSpeed;
    if (this._x>600)
    {
        this.removeMovieClip();
    }
}
```

修改之，更新以后的 onClipEvent(enterFrame) 如下：

```
onClipEvent (enterFrame)
{
    if (this._name<>"laser")
    {
        this._x+=laserMoveSpeed;
        if (this._x>600)
        {
            this.removeMovieClip();
        }
        for (i=1; i<=_root.numEnemy; i++)          ·····························(1)
        {
            if (this.hitTest(_root["enemy"+i]))     ·····························(2)
            {
                _root.score+=100;                   ·······················(3)
                _root["enemy"+i].gotoAndPlay( 2 );  ·····························(4)
            }
        }
    }
}
```

更新后的函数添加了一段检测 laser 实例是否和任何一个对手飞船碰撞的代码。它使用了一个 for 循环来检测 laser 是否和任何一个 enemy 实例碰撞。如果返回值是真的话，把 score 加上 100，并且让相应的 enemy 实例走到第二帧开始播放。

第(1)行，设置一个 for 循环，for 循环重复三次，因为_root.numEnemy 等于 3。

第(2)行，检测 this 实例（就是 laser）是否和_root["enemy"+i]所代表的影片剪辑有碰撞。数组形式的_root["enemy"+i]代表一个影片剪辑。当 i 等于 1 的时候，_root["enemy"+i]就等于_root.enemy1，当 i 等于 2 的时候，就是_root.enemy2，以此类推。

如果 hitTest 返回真，那么第(3)行和第(4)行代码将被执行。这两行代码处理在后面步骤中的一些相关问题。

第(3)行，把一个为 score 的变量加上 100，在这里还没有设置这个变量，在下一步设置它，它用来显示读者在游戏里得了多少分。

第(4)行，让和 laser 碰撞的 enemy 实例走到它的第二帧。在第二帧，将要画一个飞船爆炸的动画。

在离开 laser 的脚本窗口之前，做最后一件事情。读者可能已经注意到了，最初的 laser 实例从来没有去除过。这是因为 removeMovieClip 方法只能用在通过 duplicateMovieClip 方法创建出来的影片剪辑上。最初的 laser 是自己画出来的，所以它不能被 removeMovieClip 去掉。而且它本来就不应该被去掉，否则，将不能够使用 duplicateMovieClip 来复制 lasers。

由于不能去掉最初的 laser，所以它一直在向右移动，即使是碰到了对手飞船应该爆炸之后。这看起来很不正常，所以添加一个 if 语句来使最初的 laser 什么都不做，只让通过 duplicaeMovieClip 复制出来的 lasers 从屏幕上飞过和对手飞船碰撞。

30 在 onClipEvent(enterFrame){的下一行，添加：

```
if (this._name <> "laser") {
```

31 在倒数第二行，也就是在最后一个大括号 } 之前一行，添上另外一个 } 。

这个 if 语句检查当前的 laser 是不是最初的实例 laser，<>是不等于的意思，所以如果不是最初的 laser 的话， 就让他运行下面的移动，去除和检查碰撞的代码；如果是最初的 laser，那么这些动作被略掉，什么都不做。

现在要添加一个得分统计的显示框。如果动作面板还开着，那么先关掉它。

32 在主时间轴，添加一个新层，起名为 score。在 score 层，创建一个动态文本框。把它放在合适的地方。适当改变文本框的宽度，使它可以放得下分数，如图 10-41 所示。

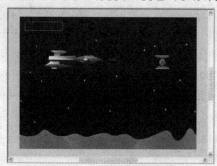

图 10-41　添加文本框

33 选中这个文本框，在属性面板的文本类型弹出式菜单中选择动态文本，并将其命名为 score。

34 在主时间轴选中 control 层的第一帧，打开动作面板。在所有代码的最后面，添加下面的这行：

```
score = 0;
```

这行代码设置了 score 变量并且在游戏开始的时候，把它的初值设置为 0。

现在，要添加当对手飞船被激光击中的时候的爆炸效果的动画。

35 使用快捷键 Ctrl＋L 打开库面板。双击 enemy 影片剪辑，进入 enemy 的时间轴。在当前层，分别选中第 2，第 3，第 4，第 5 帧，按下 F6 插入四个关键帧。

36 选中第 6 帧，按下 F7 插入一个空白关键帧。

37 选中第 2 帧，在舞台上画一个图 10-42 所示的图形。

38 选中第 3 帧，在舞台上画一个图 10-43 所示的图形。

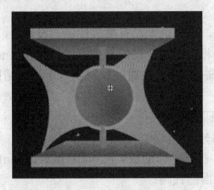

图 10-42　第二帧

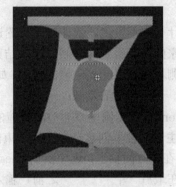

图 10-43　第三帧

39 选中第 4 帧，在舞台上画一个图 10-44 所示的图形。

40 选中第 5 帧，在舞台上画一个如图 10-45 所示的图形。

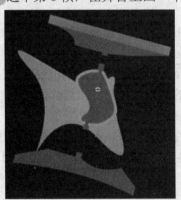

图 10-44　第四帧

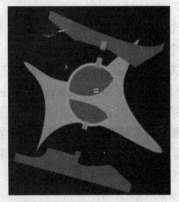

图 10-45　第五帧

41 在 enemy 的时间轴添加一个新层，起名为 control。选中 control 层的第一帧，打开动作面板，输入下面的代码：

```
stop();
```

42 在 control 层的第六帧按下 F7 插入一个空白关键帧。选中这帧，打开动作面板，添加如下的代码：

```
stop();
```

做的就是让 enemy 实例在第一帧和第六帧停下来。为什么呢？

让 enemy 实例停在第一帧，是为了直到 enemy 被一个 laser 击中的时候，才显示后面帧的爆炸动画。

还记得在前面添加过代码，当 laser 和 enemy 实例碰撞的时候，让 enemy 开始从第二帧播放。

在爆炸动画过后，让 enemy 实例停在了第六帧，这一帧没有图形。enemy 实例仍然存在，仍然向左移动直到移出 stage 后被重新 reset。由于没有图形显示，所以 Flash 将不检测 enemy 和 laser 以及和 spaceship 的碰撞。这正是希望的效果，不想把对手飞船打爆炸以后还会因为和它碰撞而让游戏停止。

检测 spaceship 和 enemy 的碰撞。当对手的飞船和玩家的飞船碰到的时候，应该发生什么？

如果什么都不发生，就让对手飞船过去，这个也太没有挑战性了。设计是，当对手的飞船和玩家的飞船碰到的时候，游戏结束，相当于两个飞船都撞毁了。将在 enemy1 实例里添加检测和 spaceship 碰撞的代码，如果碰撞，那么主时间轴跳到一个游戏结束的部分。

所以，有两件事情要做：

❶在 enemy1 实例里添加检测碰撞的代码。

❷在主时间轴里创建一个游戏结束的部分。

43 在主时间轴里，选中实例 enemy1，打开动作面板。在 onClipEvent(enterFrame) 函数里，在最后一个 " } " 之前，输入下面的代码：

```
if (this.hitTest( _root.spaceship ) )
{
    _root.gotoAndStop ("gameOver");
}
```

这个 if 语句，检查实例 enemy1 是否和 spaceship 碰撞，如果碰撞，那么主时间轴将跳到一个标号为 gameOver 的帧。

在关掉实例 enemy1 的脚本窗口之前，需要在 reset 函数里加上一句代码。

已经设置好了实例 enemy，当它被 laser 击中的时候，运行一段爆炸的动画，然后停在空的第六帧。当它移出舞台的左边界的时候，它调用 reset 函数，它就变成了一个新的对手飞船。事实上它还是原来的那个影片剪辑，但在玩家看来，好像是从舞台右边新出来的一个新的对手飞船。所以，那需要确保它在爆炸之后，它应该被重新设置为跳回第一帧。

44 在 reset 函数里添加一行：

```
this.gotoAndStop(1);
```

现在的 reset 函数应该如下：

```
function reset()
{
    this._x=600;
    this._y=random(200)+100;
    enemySpeed=random(4)+1;
    this.gotoAndStop(1);
}
```

📖10.3.7 制作游戏结束画面

现在要创建一个游戏结束的消息，当玩家的飞船和对手飞船碰撞的时候，这条消息显示在屏幕上。

读者可以做一个动画来作为游戏的结束，但是为了简单起见，游戏结束画面只有一帧，显示一条游戏结束的消息和最后的得分。

45 在主时间轴上，在每一层最后添加一帧，这样每一层都有了三帧。

46 在 enemy 层，laser 层，spaceship 层，还有 control 层的第三帧，分别按下 F7 插入空白关键帧。

当游戏进行的时候，主时间轴停在了第二帧。当游戏结束的时候，主时间轴跳到第三帧。在 laser，spaceship 和 enemy 层都插入了空白的关键帧，因为不想在游戏结束的时候它们还显示在屏幕上。

47 选中 control 层的第三帧。

48 在属性面板中将该帧命名为 game Over。

在前面，已经设置了关于 game Over 的代码，当玩家的飞船和对手飞碰撞的时候，主时间轴跳到标号为 game Over 的帧。

49 仍然在主时间轴里，添加一个新层，起名为 game over。

50 在 game over 层的第三帧插入一个空白关键帧。

51 选中这个空白关键帧。选择绘图工具栏的文字工具，在舞台上添加一个文本框。在属性面板的 Text Type 弹出式菜单中选择 Static Text。

52 双击舞台上的文本框，输入"game over"，如图 10-46 所示。

图 10-46 添加 gameover 文本框

至此，已经完成了所有的核心代码，读者可以测试一下，玩玩自己设计的游戏了。

10.3.8 对游戏进行最后完善

玩过之后，读者可能会发现需要改进两个地方。

❶游戏结束之后，需要一个方法来重新开始新的游戏。

❷读者可以一直发射激光，游戏不是太难，要做的就是限制屏幕上的激光的总量，读者以后要发射激光的时候要先想想了，瞄准没有，瞄准了再发射。

重新开始游戏按钮。使用一个重新开始按钮来重新开始游戏。

53 在主时间轴里，添加另一个新层，起名为 restart。在这层的第三帧按 F7 插入一个空白关键帧。

54 选中这个空白关键帧，在舞台上画一个填充好颜色的矩形。在矩形上方添加一个静态文本框，内容是 RESTART，如图 10-47 所示。

55 同时选中矩形和文本框，按 F8 键把它转换为一个按钮，起名为 restart。

56 为这个按钮添加一些代码。选中舞台上 restart 按钮，打开动作面板，输入下面的代码：

图 10-47　Restart 按钮

```
on(release)
{
    gotoAndPlay(1);
}
```

这段代码的意思就是在按钮按下再放开之后，让 Flash 回到主时间轴的第一帧，这样就让游戏再次开始了。

限制 laser 的数量。将限制在某一个时刻屏幕上 laser 的数量，下面的代码将限制在屏幕上最多只有 4 个 laser，但是读者可以很容易的改变这个数字。

通过一个计数值来记录当前屏幕上有几个 laser，如果已经有 4 个的话，不再复制新的 laser。概念是相当简单的，当创建一个新的 laser 实例的时候，对这个计数值加 1，当 laser 移出屏幕的时候，对这个计数值减 1，这样就有一个计数值指明当前到底有多少个 laser 在屏幕上。

复制 laser 的代码是在 spaceship 的 clipEvents 处理函数中，所以需要修改 spaceship 的代码。

57 选中舞台上的 spaceship 实例，打开动作面板。首先在 onClipEvent(load) 函数里添加两个新的变量。在 scrollStart＝false；这一行后面，在 "　}　" 之前，添加下面两行：

```
maxLasers=4;
depthCounter=1;
```

第一行，建立一个为 maxLasers 的变量，并让它等于 4。这是在屏幕上可以同时显示的 laser 的最大个数。如果读者想有更多或者更少的 laser，只要改变这个值就好了。第二行建立一个为 depthCounter 的变量，用这个变量来保存 duplicated 影片剪辑的 depth 值。

完整的代码如下所示：

```
onClipEvent(load)
{
    moveSpeed=10;
    _root.laser._visible=false;
```

```
laserCounter=1;
scrollx=_root.mainGround.ground._width/3;
scrollStart=false;
maxLasers=4;
depthCounter=1;
}
```

58 同样，也需要修改 onClipEvent (enterFrame) 函数的代码。需要改变复制 laser 的 if 语句，把这一行：

```
if(Key.isDown(Key.CONTROL) ) {
```

改成下面的代码：

```
if (Key.isDown(Key.CONTROL) and (laserCounter<=maxLasers)) {
```

现在，只有在 Control 键按下，而且 laserCounter 小于或者等于 maxLasers 的时候，laser 才被复制出来。

59 还需要再做一些小的改动，以便使复制出来的 laser movieclip 拥有正确的深度值。

把这段代码：

```
_root.laser.duplicateMovieClip( "laser"+laserCounter, laserCounter );
_root["laser"+laserCounter]._visible=true;
```

替换成下面的代码：

```
_root.laser.duplicateMovieClip( "laser"+depthCounter, depthCounter );
_root["laser"+depthCounter]._visible=true;
depthCounter++;
if (depthCounter>maxLasers)
{
    depthCounter=1;
}
```

为什么要这样改动呢？已经有了一个 laserCounter 来计数 laser 的个数，每次一个新的 laser 被复制出来的时候，它都加 1。现在也有了一个 depthCounter 来保存传给复制出来的 laser 作为深度值的变量，这个 depthCounter 变量在一个新的 laser 被复制出来的时候同样也增 1，然而当它增到 maxLasers 的值的时候，它重新置回 1。

完整的 onClipEvent (enterFrame) 函数如下所示：

```
onClipEvent (enterFrame)
{
    if (Key.isDown(Key.CONTROL) and (laserCounter<=maxLasers))
    {
        laserCounter++;
        _root.laser.duplicateMovieClip( "laser"+depthCounter, depthCounter );
        _root["laser"+depthCounter]._visible=true;
        depthCounter++;
        if (depthCounter>maxLasers)
```

```
        {
            depthCounter=1;
        }
        if (Key.isDown(Key.RIGHT))
        {
            if (this._x<scrollx
            {
                this._x+=moveSpeed;
            } else
            {
                scrollStart=true;
            }
        } else if (Key.isDown(Key.LEFT))
        {
            this._x.=moveSpeed;
        }
        if (Key.isDown(Key.DOWN))
        {
            this._y+=moveSpeed;
        } else if (Key.isDown(Key.UP))
        {
            this._y.=moveSpeed;
        }
    }
}
```

在 flash 里，当复制一个影片剪辑的时候，读者必须给它一个深度值(depth)。如果读者给了一个影片剪辑一个深度值，而这个深度值和另一个复制出来的影片剪辑的深度值是相同的，那么新的影片剪辑将代替旧的影片剪辑。如果使用 laserCoutner 作为深度值，将发现，将复制出来的新的 laser 和还在屏幕上的 laser 拥有相同的深度值。所以使用一个单独的变量 depthCounter。depthCounter 在 1，2，3，4 之间循环，而 laserCounter 可以是 1 和 4 之间的任何值，关键是看屏幕上有多少 laser。

现在还有最后一件事情，添加当 laser 移出屏幕时候减小 laserCounter 的代码。

60 选中 laser 实例，打开动作面板。在 if (this._x>600){ 这行后面并且在 this.removeMovieClip(); 这行前面，添加：

_root.spaceship.laserCounter..;

这行代码在 laser 移出屏幕的时候，把 laserCounter 减 1。

完整的代码如下：

```
onClipEvent (enterFrame)
{
    if (this._name<>"laser")
```

```
        {
            this._x+=laserMoveSpeed;
            if (this._x>600)
            {
                _root.spaceship.laserCounter..;
                this.removeMovieClip();
            }
            for (i=1; i<=_root.numEnemy; i++)
            {
                if (this.hitTest( _root["enemy"+i]))
                {
                    _root.score+=100;
                    _root["enemy"+i].gotoAndPlay( 2 );
                }
            }
        }
    }
```

📖10.3.9 测试影片

到这一步，已经把这个游戏做完了。接下来可以玩一玩这精彩的小游戏了。

61 按 Ctrl＋Enter 键，开始进入游戏。

62 按照前面做好的设置，开始玩游戏，如图 10-48 所示。

图 10-48 游戏画面

10.4 本章小结

    本章首先介绍了虚拟实验课件的制作方法，这个实例用到了多种图形绘制的方法，包括圆角矩形，运用了调色的技巧，最重要的是在多处使用了帧动作和按钮动作。许多动态网页和课件都是基于这种技术制作的，通过这个实例，希望读者能够深刻体会动画的流程，理解 ActionScript 的原理，从而举一反三做出更多更精彩的例子。

    其次，详细介绍了实时钟的制作。如果读者还想在这个基础上做更加复杂的有关时钟的动画，可以参考 Flash 自带帮助里的 Date 对象，发挥读者的想象力。

最后我们学习制作了一个精彩游戏。做完这个例子之后，读者应该学会如何实现一个小的游戏，尤其是了解其中对手的运动方式和自己的运动方式。相信读者学习了本章节后一定对游戏的制作有了更深一些的了解。通过表面的东西学到它所包含的本质，这是我们希望读者达到的学习目标。

10.5　思考与练习

1. 如何设置成可以进行远程调试，如何远程激活 Debugger。
2. 简述如何通过 Watch 列表来显示和修改变量。
3. 简述如何在脚本面板设置断点和在 Debugger 中设置断点。
4. 说明 step into，step over 和 step out 的区别。
5. 按钮制作的具体过程是什么？本实例中控制层起到什么作用？
6. 对物理、化学和数学按钮编写的代码有什么不同？为什么？
7. 在制作实时钟实例中是如何使用 Date 的？
8. 简述在游戏实例中，游戏是由哪些部分组成、如何将它们分别制作的。
9. 简述在本章游戏实例中如何处理了与对手交火的场景。
10. 请说一说读者以前所见过的 Flash 游戏有哪些？思考他们是如何制作的。
11. 在 test 模式下激活 Debugeer，显示运行中的属性和参数，设置断点，调试程序。并使用 Watch 来显示和修改变量
12. 应用变量实现一个计算器，可以计算加减功能即可，主要为读者体会全局变量和局部变量的应用。
13. 参考方向键控制物体移动实例，制作两个甲虫在屏幕上移动实例，要求两个甲虫移动分开控制。一个使用方向键，另一个使用 W(87)—up，A(65)—left，S(83)—down，D(68).right，Ctrl(17)—Acceleration。